绿色建筑评价标准技术细则 2019

王清勤　韩继红　曾　捷　主编

中国建筑工业出版社

图书在版编目(CIP)数据

绿色建筑评价标准技术细则. 2019/王清勤，韩继红，曾捷主编. —北京：中国建筑工业出版社，2020.1（2024.2重印）

ISBN 978-7-112-24520-8

Ⅰ.①绿… Ⅱ.①王… ②韩… ③曾… Ⅲ.①生态建筑-评价标准-中国-2019 Ⅳ.①TU18-34

中国版本图书馆CIP数据核字(2019)第283566号

本书依据国家标准《绿色建筑评价标准》GB/T 50378－2019（以下简称《标准》）进行编制，并与其配合使用，为绿色建筑评价工作提供更为具体的技术指导。本书重点细化了《标准》正文技术内容和评价工作要求，整理了相关标准规范的规定，并对评审时的文件要求、审查要点和注意事项等作了总结。为方便读者使用，本书附录给出了与《标准》正文要求对应的围护结构热工性能指标、空调系统冷源机组能效指标。

本书可供开展绿色建筑评价工作的管理部门、评价机构、申报单位、咨询单位使用，也可供绿色建筑设计、施工、运行管理等单位相关人员参考。

责任编辑：孙玉珍
责任校对：姜小莲

绿色建筑评价标准技术细则 2019
王清勤　韩继红　曾　捷　主编

*

中国建筑工业出版社出版、发行（北京海淀三里河路9号）
各地新华书店、建筑书店经销
北京红光制版公司制版
建工社（河北）印刷有限公司印刷

*

开本：787×1092毫米　1/16　印张：10¼　插页：3　字数：250千字
2020年1月第一版　2024年2月第五次印刷
定价：**45.00**元
ISBN 978-7-112-24520-8
（35008）

版权所有　翻印必究
如有印装质量问题，可寄本社退换
（邮政编码　100037）

《绿色建筑评价标准技术细则 2019》
编 委 会

主任委员： 王清勤

副主任委员： 韩继红　曾 捷　王有为　叶 青　鹿 勤
林波荣

委　　员： 王晓锋　杨建荣　孟 冲　林常青　汪四新
单彩杰　宋 凌　杨 柳　李国柱　叶 凌
蒋 荃　徐海云　庄伟匡　谢琳娜　姜 波
赵建平　闫国军　田 炜　朱爱萍　李宏军
张 淼　陈 琪　曾 宇　吕石磊　余 娟
陈 立　高雅春　刘茂林　方 舟　廖 琳
张 赟　杨华秋　唐觉明　孙 桢　程志军
郭振伟　盖轶静　鄢 涛　罗智星　高 迪
刘 翼　孙 桦　陆元元　邓月超　马丽萍
张 宬

审查专家： 崔 愷　李 迅　赵 锂　刘燕辉　刘敬疆
郝 军　赵士永

前　　言

为了更好地指导绿色建筑评价工作，在国家标准《绿色建筑评价标准》GB/T 50378－2019（以下简称《标准》）编制工作同时，组织《标准》编制组专家和《标准》主、参编单位主要研究人员，开展了《绿色建筑评价标准技术细则》（以下简称《技术细则》）的编写工作。

《技术细则》依据《标准》进行编制，并与其配合使用，为绿色建筑评价工作提供更为具体的技术指导。《技术细则》章节编排也与《标准》基本对应。《技术细则》第1～3章，对绿色建筑评价工作的基本原则、有关术语、评价对象、评价阶段、评价指标、评价方法以及评价文件要求等作了阐释；第4～11章，对《标准》评价技术条文逐条给出【条文说明扩展】和【具体评价方式】两项内容，【条文说明扩展】主要是对标准正文技术内容的细化以及相关标准规范的规定，原则上不重复《标准》条文说明内容，【具体评价方式】主要是对评价工作要求的细化，包括适用的评价阶段，条文说明中所列各点评价方式的具体操作形式及相应的材料文件名称、内容和格式要求等，对定性条文判定或评分原则的补充说明，对定量条文计算方法或工具的补充说明，评审时的审查要点和注意事项等；附录给出了围护结构热工性能指标、空调系统冷源机组能效指标。

《技术细则》于2019年7月22日召开审查会，由崔愷院士及李迅、赵锂、刘燕辉、刘敬疆、郝军、赵士永等组成的审查专家组同意《技术细则》通过审查，并认为《技术细则》技术内容科学合理，规范性和可操作性强，与现行相关标准相协调，可为我国绿色建筑评价工作的开展提供更为具体的技术指导，将对《标准》的实施应用乃至我国绿色建筑的持续全面发展起到重要支撑作用。

《技术细则》今后将适时修订。在《技术细则》的使用过程中，请各单位和有关专家注意总结经验，将意见建议反馈给中国建筑科学研究院科技标准处（地址：北京市北三环东路30号；邮编：100013；E-mail：gb50378@163.com），以便修订完善。

《技术细则》编委会

二〇一九年九月

目　　录

1 总　　则

1.0.1 为贯彻落实绿色发展理念，推进绿色建筑高质量发展，节约资源，保护环境，满足人民日益增长的美好生活需要，制定本标准。

【说明】

我国绿色建筑历经10余年的发展，已实现从无到有、从少到多、从个别城市到全国范围，从单体到城区、到城市规模化的发展，直辖市、省会城市及计划单列市保障性安居工程已全面强制执行绿色建筑标准。绿色建筑实践工作稳步推进、绿色建筑发展效益明显，从国家到地方、从政府到公众，全社会对绿色建筑的理念、认识和需求逐步提高，绿色建筑蓬勃开展。《住房城乡建设事业"十三五"规划纲要》不仅提出到2020年城镇新建建筑中绿色建筑推广比例超过50%的目标，还部署了进一步推进绿色建筑发展的重点任务和重大举措。自我国首部国家标准《绿色建筑评价标准》GB/T 50378-2006发布实施至今，期间经历一次修订（《绿色建筑评价标准》GB/T 50378-2014，以下简称"本标准2014年版"），对评估建筑绿色程度、保障绿色建筑质量、规范和引导我国绿色建筑健康发展发挥了重要的作用。

然而，随着我国生态文明建设和建筑科技的快速发展，我国绿色建筑在实施和发展过程中遇到了新的问题、机遇和挑战。建筑科技发展迅速，建筑工业化、海绵城市、建筑信息模型（BIM）、健康建筑等高新建筑技术和理念不断涌现并投入应用，而这些新领域方向和新技术发展并未在本标准2014年版中充分体现。党的十九大报告指出，中国特色社会主义进入新时代，我国社会主要矛盾已经转化为人民日益增长的美好生活需要和不平衡不充分的发展之间的矛盾；指出增进民生福祉是发展的根本目的，要坚持以人民为中心，坚持在发展中保障和改善民生，不断满足人民日益增长的美好生活需要，使人民获得感、幸福感、安全感更加充实；提出推进绿色发展，建立健全绿色低碳循环发展的经济体系，构建市场导向的绿色技术创新体系，推进资源全面节约和循环利用，实施国家节水行动，降低能耗、物耗，实现生产系统和生活系统循环链接，倡导简约适度、绿色低碳的生活方式，开展创建节约型机关、绿色家庭、绿色学校、绿色社区和绿色出行等行动。

综上，本标准2014年版已不能完全适应新时代绿色建筑实践及评价工作的需要。因此，根据住房城乡建设部《住房城乡建设部标准定额司关于开展〈绿色建筑评价标准〉修订工作的函》（建标标函［2018］164号）的要求，由中国建筑科学研究院有限公司、上海市建筑科学研究院（集团）有限公司会同有关单位对本标准2014年版进行修订。本次修订的主要技术内容是：1. 重新构建了绿色建筑评价技术指标体系；2. 调整了绿色建筑的评价时间节点；3. 增加了绿色建筑等级；4. 拓展了绿色建筑内涵；5. 提高了绿色建筑性能要求。

1.0.2 本标准适用于民用建筑绿色性能的评价。

【说明】

本条规定了标准的适用范围，即本标准适用于各类民用建筑绿色性能的评价，包括公共建筑和住宅建筑。绿色性能的定义，见本标准第 2.0.2 条。

1.0.3 绿色建筑评价应遵循因地制宜的原则，结合建筑所在地域的气候、环境、资源、经济和文化等特点，对建筑全寿命期内的安全耐久、健康舒适、生活便利、资源节约、环境宜居等性能进行综合评价。

【说明】

我国各地区在气候、环境、资源、经济发展水平与民俗文化等方面都存在较大差异，而因地制宜又是绿色建筑建设的基本原则，因此对绿色建筑的评价，也应综合考量建筑所在地域的气候、环境、资源、经济和文化等条件和特点。建筑物从规划设计到施工，再到运行使用及最终的拆除，构成一个全寿命期。本次修订，以"四节一环保"为基本约束，以"以人为本"为核心要求，对建筑的安全耐久、健康舒适、生活便利、资源节约、环境宜居等方面的性能进行综合评价。

1.0.4 绿色建筑应结合地形地貌进行场地设计与建筑布局，且建筑布局应与场地的气候条件和地理环境相适应，并应对场地的风环境、光环境、热环境、声环境等加以组织和利用。

【说明】

绿色建筑充分利用场地原有的自然要素，能够减少开发建设对场地及周边生态系统的改变。从适应场地条件和气候特征入手，优化建筑布局，有利于创造积极的室外环境。对场地风环境、光环境的组织和利用，可以改善建筑的自然通风日照条件，提高场地舒适度；对场地热环境的组织，可以降低热岛强度；对场地声环境的组织，可以降低建筑室内外噪声。

1.0.5 绿色建筑的评价除应符合本标准的规定外，尚应符合国家现行有关标准的规定。

【说明】

符合国家法律法规和有关标准是参与绿色建筑评价的前提条件。本标准重点在于对建筑绿色性能进行评价，并未涵盖通常建筑物所应有的全部功能和性能要求，故参与评价的建筑尚应符合国家现行有关标准的规定。限于篇幅，本条文说明不能逐一列出有关标准，仅列出部分标准，如：现行国家标准《城市居住区规划设计标准》GB 50180、《民用建筑设计统一标准》GB 50352、《建筑结构可靠性设计统一标准》GB 50068、《混凝土结构设计规范》GB 50010、《钢结构设计标准》GB 50017、《建筑设计防火规范》GB 50016、《建筑抗震设计规范》GB 50011、《建筑物防雷设计规范》GB 50057、《民用建筑供暖通风与空气调节设计规范》GB 50736、《民用建筑热工设计规范》GB 50176、《建筑给水排水设计规范》GB 50015、《民用建筑隔声设计规范》GB 50118、《建筑采光设计标准》GB 50033、《建筑照明设计标准》GB 50034 以及现行行业标准《民用建筑电气设计规范》JGJ 16 等。

2 术　语

2.0.1 绿色建筑　green building

在全寿命期内，节约资源、保护环境、减少污染，为人们提供健康、适用、高效的使用空间，最大限度地实现人与自然和谐共生的高质量建筑。

【说明】

针对新时代绿色建筑高质量发展的需要，本次修订相对于本标准2014年版，对绿色建筑评价的技术内容进行了很多重大的修改和调整，概况为：重新构建了绿色建筑评价技术指标体系，调整了绿色建筑的评价时间节点，增加了绿色建筑等级，拓展了绿色建筑内涵，提高了绿色建筑性能要求。因此，对绿色建筑的术语也进行了重新定义。

本标准2006年版和2014年版对绿色建筑的定义为"在全寿命周期内，最大限度节约资源（节能、节地、节水、节材）、保护环境、减少污染，为人们提供健康、适用和高效的使用空间，与自然和谐共生的建筑"。本次修订从以人为本出发，结合新时代社会主要矛盾的变化，以指导建设高质量绿色建筑为核心目标，将评价指标体系构建为"安全耐久、健康舒适、生活便利、资源节约和环境宜居"，充分体现了"为人们提供健康、适用、高效的使用空间"的初衷以及"最大限度地实现人与自然和谐共生"的可持续发展的目的。指标体系内涵的丰富和要求的提高，必然提升绿色建筑的实际使用性能，而评价节点的调整，将改变设计标识项目数量多而运行标识项目数量少的局面，推动绿色建筑全面迈入高质量发展阶段。

2.0.2 绿色性能　green performance

涉及建筑安全耐久、健康舒适、生活便利、资源节约（节地、节能、节水、节材）和环境宜居等方面的综合性能。

【说明】

本标准对绿色建筑的定义进行了调整，为此本术语定义了绿色性能的范畴，即建筑中"安全耐久、健康舒适、生活便利、资源节约（节地、节能、节水、节材）和环境宜居"等方面的综合性能，包括相关的参数和指标。本术语也明确了，不是建筑所有性能都是绿色性能。这也为本标准第1.0.2条条文的范畴界定提供了依据。

2.0.3 全装修　decorated

在交付前，住宅建筑内部墙面、顶面、地面全部铺贴、粉刷完成，门窗、固定家具、设备管线、开关插座及厨房、卫生间固定设施安装到位；公共建筑公共区域的固定面全部铺贴、粉刷完成，水、暖、电、通风等基本设备全部安装到位。

【说明】

本术语的编制考虑到民用建筑装修现状，区分了住宅建筑和公共建筑的不同要求，并参考了国家现行标准《住宅室内装饰装修设计规范》JGJ 367、《住宅室内装饰装修工程质量验收规范》JGJ/T 304、《建筑装饰装修工程质量验收标准》GB 50210 的相关内容。对于住宅建筑，强调在交付前所有固定面铺装、粉刷完成，门窗、固定家具（橱柜等）、设备管线、开关插座及厨房、卫生间固定设施安装到位，即满足人们入住后的基本生活需求；对于公共建筑，考虑到出租型办公建筑等建筑类型的实际情况，仅要求大堂、走道、卫生间等公共区域固定面全部铺贴、粉刷完成，水、暖、电、通风等基本设备全部安装到位。

2.0.4　热岛强度　heat island intensity

城市内一个区域的气温与郊区气温的差别，用二者代表性测点气温的差值表示，是城市热岛效应的表征参数。

【说明】

本术语沿用本标准 2006 年版，同时参考了现行行业标准《民用建筑绿色性能计算标准》JGJ/T 449 等国家和行业标准对其标准化计算方法（气象数据、边界条件、热岛计算标准报告等）进行了要求。

2.0.5　绿色建材　green building material

在全寿命期内可减少对资源的消耗、减轻对生态环境的影响，具有节能、减排、安全、健康、便利和可循环特征的建材产品。

【说明】

绿色建材是绿色建筑的重要物质基础。关于绿色建材的定义，住房城乡建设部、工业和信息化部 2015 年印发的《绿色建材评价技术导则（试行）》（第一版）明确为：“在全生命周期内可减少对天然资源消耗和减轻对生态环境影响，具有‘节能、减排、安全、便利和可循环’特征的建材产品。”本术语在此基础上，为响应新时代绿色建筑对健康的关注，增加了“健康”的特征。

3 基 本 规 定

3.1 一 般 规 定

3.1.1 绿色建筑评价应以单栋建筑或建筑群为评价对象。评价对象应落实并深化上位法定规划及相关专项规划提出的绿色发展要求；涉及系统性、整体性的指标，应基于建筑所属工程项目的总体进行评价。

3

【说明】

建筑和建筑群的规划建设应符合法定详细规划，并应满足绿色生态城市发展规划、绿色建筑建设规划、海绵城市建设规划等相关专项规划提出的绿色发展控制要求，深化、细化技术措施。

建筑单体和建筑群均可以参评绿色建筑，临时建筑不得参评。单栋建筑应为完整的建筑，不得从中剔除部分区域。对于建筑未交付使用时，应坚持本条原则，不对一栋建筑中的部分区域开展绿色建筑评价。但建筑运行阶段，可能会存在两个或两个以上业主的多功能综合性建筑，此情况下可灵活处理，首先仍应考虑“以一栋完整的建筑为基本对象”的原则，鼓励其业主联合申请绿色建筑评价；如所有业主无法联合申请，但有业主有意愿单独申请时，可对建筑中的部分区域进行评价，但申请评价的区域，建筑面积应不少于2万m^2，且有相对独立的暖通空调、给水排水等设备系统，此区域的电、气、热、水耗也能独立计量，还应明确物业产权和运行管理涵盖的区域，涉及的系统性、整体性指标，仍应按照本条的相关规定执行。

建筑群是指位置毗邻、功能相同、权属相同、技术体系相同（相近）的两个及以上单体建筑组成的群体。常见的建筑群有住宅建筑群、办公建筑群。当对建筑群进行评价时，可先用本标准评分项和加分项对各单体建筑进行评价，得到各单体建筑的总得分，再按各单体建筑的建筑面积进行加权计算得到建筑群的总得分，最后按建筑群的总得分确定建筑群的绿色建筑等级。

无论评价对象为单栋建筑或建筑群，计算系统性、整体性指标时，边界应选取一致，一般以城市道路完整围合的最小用地面积为宜。如最小规模的城市居住区即城市道路围合的居住街坊（国家标准《城市居住区规划设计标准》GB 50180－2018规定的居住街坊规模），或城市道路围合、由公共建筑群构成的城市街坊。

3.1.2 绿色建筑评价应在建筑工程竣工后进行。在建筑工程施工图设计完成后，可进行预评价。

【说明】

本次修订对绿色建筑评价阶段进行了重新要求。绿色建筑未来必然向注重运行实效方向发展。历经10余年发展，绿色建筑发展面临着从高速发展向高质量发展的转变，关键途径之一就是重新定位绿色建筑的评价阶段，重申评价工作的作用和意义。本次修订通过征询绿色建筑评价单位、技术咨询单位、建筑设计单位、科研机构、地方管理部门等单位的专家意见，决定将绿色建筑评价定位在建筑物建成后的性能，即绿色建筑评价放在建筑工程竣工后，这么做能够更加有效约束绿色建筑技术落地，保证绿色建筑性能的实现。建筑工程竣工后的绿色建筑评价，可以分为两种不同情况：一种情况是在建筑工程竣工后、投入使用前即进行绿色建筑评价，另外一种情况是在建筑工程投入使用后一段时间才进行绿色建筑评价。本标准及细则对于建筑工程竣工后的这两个不同时间节点的评价方式进行了规定。当这两个阶段提供材料无区别时，不做特别说明；当对投入使用的建筑有额外材料要求时，本细则在“具体评价方式”中进行了明确，例如运行维保记录、实际运行数据等。特别地，第6章“生活便利”中的“物业管理”部分的4条均针对投入使用后的评价，投入使用后再进行绿色建筑评价的项目可由此获得更多评分（30分）。

本条提出“在建筑工程施工图设计完成后，可进行预评价”，主要是出于两个方面的考虑：一方面，预评价能够更早地掌握建筑工程可能实现的绿色性能，可以及时优化或调整建筑方案或技术措施，为建成后的运行管理做准备；另一方面是作为设计评价的过渡，与各地现行的设计标识评价制度相衔接。因此，按照此前设计评价的要求，预评价也应是在建筑工程施工图设计文件审查通过后进行。也可理解为，绿色建筑预评价的对象是建筑方案及其预期效果；绿色建筑评价的对象是真实的建筑物及其实际性能。

3.1.3 申请评价方应对参评建筑进行全寿命期技术和经济分析，选用适宜技术、设备和材料，对规划、设计、施工、运行阶段进行全过程控制，并应在评价时提交相应分析、测试报告和相关文件。申请评价方应对所提交资料的真实性和完整性负责。

【说明】

本条对申请评价方的相关工作提出要求。申请评价方依据有关管理制度文件确定。绿色建筑注重全寿命期内资源节约与环境保护的性能，申请评价方应对建筑全寿命期内各个阶段进行控制，优化建筑技术、设备和材料选用，综合评估建筑规模、建筑技术与投资之间的总体平衡，并按本标准的要求提交相应分析、测试报告和相关文件，涉及计算和测试的结果，应明确计算方法和测试方法。申请评价方对所提交资料的真实性和完整性负责，并提交书面承诺。对于所选用的技术、设备和材料，除条文特别明确采用比例外，一般均要求为全部，杜绝表面文章。**特别注意，申请建筑工程竣工后的绿色建筑评价，项目所提交的一切资料均应基于工程竣工资料，不得以申请预评价时的设计文件替代。**

3.1.4 评价机构应对申请评价方提交的分析、测试报告和相关文件进行审查，出具评价报告，确定等级。

【说明】

本条对绿色建筑评价机构的相关工作提出要求。绿色建筑评价机构依据有关管理制度文件确定。绿色建筑评价机构应按照本标准的有关要求审查申请评价方提交的报告、文档，并在评价报告中确定等级。

3.1.5　申请绿色金融服务的建筑项目，应对节能措施、节水措施、建筑能耗和碳排放等进行计算和说明，并应形成专项报告。

【说明】

本条对申请绿色金融服务的建筑项目提出了要求。2016年8月31日，中国人民银行、财政部、国家发展改革委、环境保护部、银监会、证监会、保监会印发《关于构建绿色金融体系的指导意见》，指出绿色金融是为支持环境改善、应对气候变化和资源节约高效利用的经济活动，即对环保、节能、清洁能源、绿色交通、绿色建筑等领域的项目投融资、项目运营、风险管理等所提供的金融服务。绿色金融服务包括绿色信贷、绿色债券、绿色股票指数和相关产品、绿色发展基金、绿色保险、碳金融等。对于申请绿色金融服务的建筑项目，应按照相关要求，对建筑的能耗和节能措施、碳排放、节水措施等进行计算和说明，并形成专项报告。若绿色金融相关管理文件中无特殊规定，建筑能耗按本标准第7.2.8条的相关方法计算，节能措施说明包括用能设备能效、可再生能源利用、重要节能技术等；碳排放按本标准第9.2.7条的相关方法计算；建筑节水措施说明包括节水器具使用情况、用水计量情况等。

3

3.2　评价与等级划分

3.2.1　绿色建筑评价指标体系应由安全耐久、健康舒适、生活便利、资源节约、环境宜居5类指标组成，且每类指标均包括控制项和评分项；评价指标体系还统一设置加分项。

【说明】

此次修订，以“四节一环保”为基本约束，遵循以人民为中心的发展理念，构建了新的绿色建筑评价指标体系，将绿色建筑的评价指标体系调整为安全耐久、健康舒适、生活便利、资源节约、环境宜居5类指标。其优点体现在：①符合目前国家新时代鼓励创新的发展方向；②指标体系名称易懂、易理解和易接受；③指标名称体现了新时代政府相关部门和社会普通民众所关心的问题，能够提高人们对绿色建筑的可感知性。

每类指标均包括控制项和评分项。为了鼓励绿色建筑采用提高、创新的建筑技术和产品建造更高性能的绿色建筑，评价指标体系还统一设置“提高与创新”加分项。

3.2.2　控制项的评定结果应为达标或不达标；评分项和加分项的评定结果应为分值。

【说明】

控制项的评价方式同本标准2014年版。评分项的评价，依据评价条文的规定确定得分或不得分，得分时根据项目情况确定达标子项得分或达标程度得分。加分项的评价，依据评价条文的规定确定得分或不得分。

本标准中评分项的赋分有以下几种方式：

（1）一条条文评判一类性能或技术指标，且不需要根据达标情况不同赋以不同分值时，赋以一个固定分值，该评分项的得分为0分或固定分值，在条文主干部分表述为“评价分值为某分”；

（2）一条条文评判一类性能或技术指标，需要根据达标情况不同赋以不同分值时，在条文主干部分表述为“评价总分值为某分”，同时将不同得分值表述为“得某分”的形式，且从低分到高分排列；递进的档次特别多或者评分特别复杂的，则采用列表的形式表达，在条文主干部分表述为“按某表的规则评分”；

（3）一条条文评判一类性能或技术指标，但需要针对不同建筑类型或特点分别评判时，针对各种类型或特点按款或项分别赋以分值，各款或项得分均等于该条得分，在条文主干部分表述为“按下列规则评分”；

（4）一条条文评判多个技术指标，将多个技术指标的评判以款或项的形式表达，并按款或项赋以分值，该条得分为各款或项得分之和，在条文主干部分表述为“按下列规则分别评分并累计”；

（5）一条条文评判多个技术指标，其中某技术指标需要根据达标情况不同赋以不同分值时，首先按多个技术指标的评判以款或项的形式表达并按款或项赋以分值，然后考虑达标程度不同对其中部分技术指标采用递进赋分方式。

可能还会有少数条文出现其他评分方式组合。

本标准中评分项和加分项条文主干部分给出了该条文的“评价分值”或“评价总分值”，是该条可能得到的最高分值。

3.2.3 对于多功能的综合性单体建筑，应按本标准全部评价条文逐条对适用的区域进行评价，确定各评价条文的得分。

【说明】

不论建筑功能是否综合，均以各个条/款为基本评判单元。对于某一条文，只要建筑中有相关区域涉及，则该建筑就应参评并确定得分。对于条文下设两款分别针对住宅建筑和公共建筑，所评价建筑如果同时包含住宅建筑和公共建筑，则需按这两种功能分别评价后再取平均值。总体原则为：

（1）只要有涉及即全部参评。以商住楼为例，即使底商面积比例很小，但仍要参评，并作为整栋建筑的得分（而不按面积折算）。

（2）系统性、整体性指标应按项目总体评价。

（3）所有部分均满足要求才给分，例如本标准第7.2.5条（冷热源机组能效），如果综合体公共建筑部分使用集中空调系统，住宅部分使用分体空调，只有所有的冷热源均达到相应要求才能得分（公共建筑部分达到要求而住宅部分未满足，不得分）。

（4）递进分档得分的条文，按“就低不就高”的原则确定得分。以本标准第7.2.5条（冷热源机组能效）为例，若公共建筑集中空调系统冷水机组COP提高12%（对应得分为10分），住宅建筑房间空气调节器能效比为节能评价值（对应得分为5分），则该条最终得分为5分。

（5）上述情况之外的特殊情况可特殊处理。此类特殊情况，如已在本标准条文、条文说明或本细则中明示的，应遵照执行。对某些标准条文、条文说明、本细则的补充说明均未明示的特定情况，可根据实际情况进行判定。

3.2.4 绿色建筑评价的分值设定应符合表3.2.4的规定。

表3.2.4 绿色建筑评价分值

	控制项基础分值	评价指标评分项满分值					提高与创新加分项满分值
		安全耐久	健康舒适	生活便利	资源节约	环境宜居	
预评价分值	400	100	100	70	200	100	100
评价分值	400	100	100	100	200	100	100

注：预评价时，本标准第6.2.10、6.2.11、6.2.12、6.2.13、9.2.8条不得分。

3

【说明】

本次修订的绿色建筑评价分值与本标准2014年版变化较大。控制项基础分值的获得条件是满足本标准所有控制项的要求。对于住宅建筑和公共建筑，5类指标同等重要，所以未因建筑类型不同而划分制订不同各评价指标评分项总分值。本次修订，将绿色建筑的评价指标体系评分项分值进行了调整。“资源节约”指标包含了节地、节能、节水、节材的相关内容，故该指标的总分值高于其他指标。“提高与创新”为加分项，鼓励绿色建筑性能提升和技术创新。

“生活便利”指标中“物业管理”小节是建筑项目投入运行后的技术要求，因此，相比绿色建筑的评价，预评价时“生活便利”指标的满分值有所降低。

本条规定的评价指标评分项满分值、提高与创新加分项满分值均为最高可能的分值。绿色建筑评价应在建筑工程竣工后进行，对于刚刚竣工后即评价的建筑，部分与运行有关的条文仍无法得分。

3.2.5 绿色建筑评价的总得分应按下式进行计算：

$$Q=(Q_0+Q_1+Q_2+Q_3+Q_4+Q_5+Q_A)/10 \quad (3.2.5)$$

式中：Q——总得分；

Q_0——控制项基础分值，当满足所有控制项的要求时取400分；

$Q_1 \sim Q_5$——分别为评价指标体系5类指标（安全耐久、健康舒适、生活便利、资源节约、环境宜居）评分项得分；

Q_A——提高与创新加分项得分。

【说明】

本条对绿色建筑评价中的总得分的计算方法作出了规定。参评建筑的总得分由控制项基础分值、评分项得分和提高与创新项得分三部分组成，总得分满分为110分。控制项基础分值的获得条件是满足本标准所有控制项的要求，提高与创新项得分应按本标准第9章的相关要求确定。计算分值Q的最终结果，按四舍五入取整。

3.2.6 绿色建筑划分应为基本级、一星级、二星级、三星级 4 个等级。

【说明】

本标准 2014 年版规定绿色建筑的等级为一星级、二星级、三星级 3 个等级，本次修订，在 2014 年版规定的星级基础上，增加了“基本级”。

目前我国多个省市已将绿色建筑一星级甚至二星级作为绿色建筑施工图审查的技术要求，这种模式有力推进了绿色建筑发展，在未来一段时间还会继续推行实施。国家标准《绿色建筑评价标准》GB/T 50378 作为划分绿色建筑性能等级的评价工具，既要体现其性能评定、技术引领的行业地位，又要兼顾其推广普及绿色建筑的重要作用。因此，在本次修订中新增了“基本级”，扩大绿色建筑的覆盖面。基本级的设置，考虑了我国绿色建筑地域发展的不平衡性及与正在编制的全文强制国家规范相适应，也考虑了与国际接轨，便于国际交流。

3.2.7 当满足全部控制项要求时，绿色建筑等级应为基本级。

【说明】

控制项是绿色建筑的必要条件，当建筑项目满足本标准全部控制项的要求时，绿色建筑的等级即达到基本级。

3.2.8 绿色建筑星级等级应按下列规定确定：

1 一星级、二星级、三星级 3 个等级的绿色建筑均应满足本标准全部控制项的要求，且每类指标的评分项得分不应小于其评分项满分值的 30%；

2 一星级、二星级、三星级 3 个等级的绿色建筑均应进行全装修，全装修工程质量、选用材料及产品质量应符合国家现行有关标准的规定；

3 当总得分分别达到 60 分、70 分、85 分且应满足表 3.2.8 的要求时，绿色建筑等级分别为一星级、二星级、三星级。

表 3.2.8 一星级、二星级、三星级绿色建筑的技术要求

	一星级	二星级	三星级
围护结构热工性能的提高比例，或建筑供暖空调负荷降低比例	围护结构提高 5%，或负荷降低 5%	围护结构提高 10%，或负荷降低 10%	围护结构提高 20%，或负荷降低 15%
严寒和寒冷地区住宅建筑外窗传热系数降低比例	5%	10%	20%
节水器具用水效率等级	3 级	2 级	
住宅建筑隔声性能	—	室外与卧室之间、分户墙（楼板）两侧卧室之间的空气声隔声性能以及卧室楼板的撞击声隔声性能达到低限标准限值和高要求标准限值的平均值	室外与卧室之间、分户墙（楼板）两侧卧室之间的空气声隔声性能以及卧室楼板的撞击声隔声性能达到高要求标准限值

续表 3.2.8

	一星级	二星级	三星级
室内主要空气污染物浓度降低比例	10%	20%	
外窗气密性能	符合国家现行相关节能设计标准的规定，且外窗洞口与外窗本体的结合部位应严密		

注：1 围护结构热工性能的提高基准、严寒和寒冷地区住宅建筑外窗传热系数降低基准均为国家现行相关建筑节能设计标准的要求。

2 住宅建筑隔声性能对应的标准为现行国家标准《民用建筑隔声设计规范》GB 50118。

3 室内主要空气污染物包括氨、甲醛、苯、总挥发性有机物、氡、可吸入颗粒物等，其浓度降低基准为现行国家标准《室内空气质量标准》GB/T 18883 的有关要求。

【说明】

当对绿色建筑进行星级评价时，首先应该满足本标准规定的全部控制项要求，同时规定了每类评价指标的最低得分要求，以实现绿色建筑的性能均衡。按本标准第 3.2.5 条的规定计算绿色建筑总得分，当总得分分别达到 60 分、70 分、85 分且满足本条第 1、2 款及表 3.2.8 的要求时，绿色建筑等级分别为一星级、二星级、三星级。

为提升各星级绿色建筑性能和品质，本条对一星级、二星级、三星级绿色建筑在能耗、节水、隔声、室内空气质量、外窗气密性等方面提出了更高的技术要求。

对一星级、二星级、三星级绿色建筑提出了全装修的交付要求。对于住宅建筑，宜提供菜单式的全装修方案，每个装修方案均应提供可供选择的不同档次、风格的材料和设备菜单，促进标准化和个性化的协调，满足消费者个性化需要。本标准术语中，对住宅建筑和公共建筑的全装修范围进行了界定。为保证全装修的质量，避免二次装修，住宅建筑的套内及公共区域全装修应满足现行行业标准《住宅室内装饰装修设计规范》JGJ 367、《住宅室内装饰装修工程质量验收规范》JGJ/T 304 及现行国家标准《建筑装饰装修工程质量验收标准》GB 50210 的相关要求。公共建筑的公共区域全装修应满足现行国家标准《建筑装饰装修工程质量验收标准》GB 50210 的相关要求。全装修所选用的材料和产品，如瓷砖、卫生器具、板材等，应为质量合格产品，满足相应产品标准的质量要求。此外，全装修所选用的材料和产品，应结合当地的品牌认可和消费习惯，最大程度避免二次装修。评价方法为：预评价查阅装修施工图（深度要求满足现行行业标准《房屋建筑室内装饰装修制图标准》JGJ/T 244）；评价查阅装修竣工图、装修验收报告、实景照片等。

对一星级、二星级、三星级绿色建筑的建筑能耗提出了更高的要求，具体包括围护结构热工性能的提高或建筑供暖空调负荷的降低、严寒和寒冷地区住宅建筑外窗传热系数的降低。具体计算方法，由本标准第 7.2.4 条规定。

对二星级、三星级绿色建筑用水器具的用水效率提出了要求，相关用水器具的用水效率标准及评价方法，由本标准第 7.2.10 条规定。

对二星级、三星级绿色建筑（住宅建筑）的隔声性能提出了要求。国家标准《民用建筑隔声设计规范》GB 50118－2010 第 4 章规定了住宅建筑声环境的相关限值，但对室外与卧室之间的空气声隔声性能未作规定。根据住房城乡建设部标准定额司函《住房城乡建设部标准定额司关于开展〈民用建筑隔声设计规范〉局部修订工作的函》（建标标函〔2018〕176号）的要求，国家标准《民用建筑隔声设计规范》GB 50118－2010正在局部修订，本次修订将增加住宅建筑室外与卧室之间空气声隔声性能的指标要求，还将对住宅建筑声环境性能指标进行提升。在国家标准《民用建筑隔声设计规范》GB 50118－2010局部修订尚未实施前，二星级绿色建筑的室外与卧室之间的空气声隔声性能按（$D_{nT,w}+C_{tr}$）≥35dB进行评价，三星级绿色建筑的室外与卧室之间的空气声隔声性能按（$D_{nT,w}+C_{tr}$）≥40dB进行评价，其余指标按现行国家标准《民用建筑隔声设计规范》GB 50118的有关规定进行评价。在国家标准《民用建筑隔声设计规范》GB 50118－2010局部修订完成且实施后，本条应按照修订后的住宅建筑室外与卧室之间、分户墙或分户楼板两侧卧室之间的空气声隔声性能，以及卧室楼板的撞击声隔声性能的相关要求进行评价。室外与卧室之间空气声隔声性能，预评价时通过外窗和外墙的隔声性能，按组合隔声量的理论进行预测，并提供分析报告；评价时，应提供室外与卧室之间空气声隔声性能检测报告。其余指标的评价方法，由本标准第5.1.4、5.2.7条规定。

对一星级、二星级、三星级绿色建筑室内主要的空气污染物浓度限值进行了规定。具体评价方法，由本标准第5.1.1条规定。

对一星级、二星级、三星级绿色建筑的外窗气密性能及外窗安装施工质量提出了要求。外窗的气密性能应符合国家现行标准《公共建筑节能设计标准》GB 50189、《严寒和寒冷地区居住建筑节能设计标准》JGJ 26、《夏热冬冷地区居住建筑节能设计标准》JGJ 134、《夏热冬暖地区居住建筑节能设计标准》JGJ 75、《温和地区居住建筑节能设计标准》JGJ 475等的规定。在外窗安装施工过程中，应严格按照相关工法和相关验收标准要求进行，外窗四周的密封应完整、连续，并应形成封闭的密封结构，保证外窗洞口与外窗本体的结合部位严密；外窗的现场气密性能检测与合格判定应符合现行行业标准《公共建筑节能检测标准》JGJ/T 177或《居住建筑节能检测标准》JGJ/T 132的规定。评价方法为：预评价查阅外窗气密性能设计文件、外窗气密性能检测报告；评价查阅外窗气密性能设计文件、外窗气密性能检测报告、外窗气密性能现场检测报告。

4 安 全 耐 久

4.1 控 制 项

4.1.1 场地应避开滑坡、泥石流等地质危险地段，易发生洪涝地区应有可靠的防洪涝基础设施；场地应无危险化学品、易燃易爆危险源的威胁，应无电磁辐射、含氡土壤的危害。

【条文说明扩展】

建筑场地与各类危险源的距离应满足相应危险源的安全防护距离等控制要求，对场地中不利地段或潜在危险源应采取必要的避让、防护或控制、治理等措施，对场地中存在的有毒有害物质应采取有效的治理措施进行无害化处理，确保符合各项安全标准。

《防洪标准》GB 50201－2014

3.0.2 各类防护对象的防洪标准应根据经济、社会、政治、环境等因素对防洪安全的要求，统筹协调局部与整体、近期与长远及上下游、左右岸、干支流的关系，通过综合分析论证确定。有条件时，宜进行不同防洪标准所可能减免的洪灾经济损失与所需的防洪费用的对比分析。

《城市防洪工程设计规范》GB/T 50805－2012

1.0.3 城市防洪工程建设，应以所在江河流域防洪规划、区域防洪规划、城市总体规划和城市防洪规划为依据，全面规划、统筹兼顾，工程措施与非工程措施相结合，综合治理。

《城市抗震防灾规划标准》GB 50413－2007

1.0.3 城市抗震防灾规划应贯彻“预防为主，防、抗、避、救相结合”的方针，根据城市的抗震防灾需要，以人为本，平灾结合、因地制宜、突出重点、统筹规划。

《城市居住区规划设计标准》GB 50180－2018

3.0.2（2） 与危险化学品及易燃易爆品等危险源的距离，必须满足有关安全规定。

《电磁环境控制限值》GB 8702－2014 中第 5 章规定的电磁环境豁免范围：

从电磁场环境保护管理角度，下列产生电场、电磁场的设施（设备）可免予管理：

——100kV 以下电压等级的交流输变电设施。

——向没有屏蔽空间发射 0.1MHz～300GHz 电磁场的，其等效辐射功率小于表 2 所列数值的设施（设备）。

表 2 可豁免设施（设备）的等效辐射功率

频率范围（MHz）	等效辐射功率（W）
0.1～3	300
＞3～300000	100

《民用建筑工程室内环境污染控制规范》GB 50325－2010（2013 年版）

4.1.1 新建、扩建的民用建筑工程设计前，应进行建筑工程所在城市区域土壤中氡浓度或土壤表面氡析出率调查，并提交相应的调查报告。未进行过区域土壤中氡浓度或土壤表面氡析出率测定的，应进行建筑场地土壤中氡浓度或土壤氡析出率测定，并提供相应的检测报告。

不同的危险源对应的安全距离不同，如当拟建建筑场地存在火灾危险源的厂房或仓库时，应根据厂房或仓库的灾危险性类别，按现行国家标准《建筑设计防火规范》GB 50016 确定对应的防火间距；拟建建筑离危险品经营场所安全距离应满足现行国家标准《危险化学品经营企业安全技术基本要求》GB 18265。对拟建场地曾经是危险化学品生产场地或者受化学品污染的场地，应进行专项安全治理。

【具体评价方式】

本条适用于各类民用建筑的预评价、评价。

预评价与评价均为：查阅项目区位图、场地地形图、工程地质勘察报告，地质灾害多发区需提供地质灾害危险性评估报告（应包含场地稳定性及场地工程建设适应性评定内容），可能涉及污染源、电磁辐射、土壤氡污染等需提供相关检测报告（根据《中国土壤氡概况》的相关划分，对于整体处于土壤氡含量低背景、中背景区域，且工程场地所在地点不存在地质断裂构造的项目，可不提供土壤氡浓度检测报告）。重点核查相关污染源、危险源的安全避让防护距离或治理措施的合理性，项目防洪工程设计是否满足所在地防洪标准要求，项目是否符合城市抗震防灾的有关要求。

4.1.2 建筑结构应满足承载力和建筑使用功能要求。建筑外墙、屋面、门窗、幕墙及外保温等围护结构应满足安全、耐久和防护的要求。

【条文说明扩展】

本条第 1 句主要是对建筑结构的承载能力极限状态计算和正常使用极限状态验算。结构设计应按现行国家标准《建筑结构可靠性设计统一标准》GB 50068、《建筑抗震设计规范》GB 50011、《建筑结构荷载规范》GB 50009 要求，结合建筑物及场地条件，对应国家现行相关标准规定，进行结构极限状态验算，并在结构设计文件的结构设计总说明中明确规定场地条件、设计荷载、设计使用年限、材料及构件性能要求，裂缝、变形限值等要求。

根据国家标准《建筑结构可靠性设计统一标准》GB 50068－2018，对耐久性极限状态的定义包括三个方面：①影响承载能力和正常使用的材料性能劣化；②影响耐久性能的裂缝、变形、缺口、外观、材料削弱等；③影响耐久性能的其他特定状态。

对可能出现的地基不均匀沉降、超载使用及使用环境影响导致的耐久性问题，包括结构构件裂缝、钢材（筋）锈蚀、混凝土剥落、化学离子腐蚀导致结构材料劣化等进行管理，使结构在设计使用年限内不因材料的劣化而影响建筑安全与正常使用。

本条第2句主要是对建筑围护结构。建筑外墙、屋面、门窗、幕墙及外保温等围护结构应满足安全、耐久和防护的要求。围护结构应与建筑主体结构连接可靠，经过结构验算确定能适应主体结构在多遇地震及各种荷载工况下的承载力与变形要求。设计图中应有完整的外围护结构设计大样，明确材料、构件、部品及连接与构造做法，门窗、幕墙的性能参数等要求。

建筑设计时，围护结构构件及其连接应按前述建筑结构相关国家标准要求进行极限状态设计，同时还应符合国家现行标准《建筑幕墙、门窗通用技术条件》GB/T 31433、《建筑外墙防水工程技术规程》JGJ/T 235、《外墙外保温工程技术标准》JGJ 144、《屋面工程技术规范》GB 50345、《建筑幕墙》GB/T 21086、《玻璃幕墙工程技术规范》JGJ 102、《建筑玻璃点支承装置》JG/T 138、《吊挂式玻璃幕墙用吊夹》JG/T 139、《金属与石材幕墙工程技术规范》JGJ 133、《塑料门窗工程技术规程》JGJ 103、《铝合金门窗工程技术规范》JGJ 214 等的规定。后期运营过程中，应定期对围护结构进行检查、维护与管理，必要时更换处理。

围护结构往往与主体结构不同寿命，其安全与耐久很容易被忽视，围护结构的损坏及围护结构与主体结构的连接破坏更直接影响建筑物的正常使用，且容易导致高空坠物。建筑围护结构防水对于建筑美观、耐久性能、正常使用功能和寿命都有重要影响。例如：门窗与主体结构的连接不足，使门窗与围护墙体之间变形过大导致渗水甚至门窗坠落。

围护结构尚应满足防护要求。

对于门窗、幕墙，应满足《民用建筑设计统一标准》GB 50352－2019 的防护要求：

6.11.6 窗的设置应符合下列规定：

1 窗扇的开启形式应方便使用、安全和易于维修、清洗；

2 公共走道的窗扇开启时不得影响人员通行，其底面距走道地面高度不应低于2.0m；

3 公共建筑临空外窗的窗台距楼面净高不得低于0.8m，否则应设置防护设施，防护设施的高度由地面起算不应低于0.8m；

4 居住建筑临空外窗的窗台距楼面净高不得低于0.9m，否则应设置防护设施，防护设施的高度由地面起算不应低于0.9m；

5 当防火墙上必须开设窗洞口时，应按现行国家标准《建筑设计防火规范》GB 50016 执行。

6.11.7 当凸窗窗台高度低于或者等于0.45m时，其防护高度从窗台面起算不应低于0.9m；当凸窗窗台高度高于0.45m时，其防护高度从台面起算不应低于0.6m。

【具体评价方式】

本条适用于各类民用建筑的预评价、评价。

预评价查阅建筑设计图、结构设计图（含总说明）、主体与围护结构计算书以及设计参数等设计文件。

评价查阅预评价涉及内容的地基基础、主体结构、外墙、屋面、门窗、幕墙、外保温等分部分项竣工文件，还查阅竣工验收合格证明及对应的主要结构用材料或者构件、部件的检测报告，特别是幕墙气密性能、水密性能、抗风压性能和平面内变形性能检测报告。投入使用的项目，尚应查阅建筑结构与围护结构后期运营管理制度及定期查验记录与维修记录等。

4.1.3 外遮阳、太阳能设施、空调室外机位、外墙花池等外部设施应与建筑主体结构统一设计、施工，并应具备安装、检修与维护条件。

【条文说明扩展】

外部设施应相应符合国家现行标准《建筑遮阳工程技术规范》JGJ 237、《民用建筑太阳能热水系统应用技术标准》GB 50364、《民用建筑太阳能光伏系统应用技术规范》JGJ 203等的规定，且外部设施的结构构件及其与主体结构的连接也应按本标准第4.1.2条要求验算，满足三种极限状态要求，并满足国家现行标准规定的室外环境下的构件连接与构造要求。

外部设施需要定期检修和维护，因此在建筑设计时应考虑后期检修和维护条件，如设计检修通道、马道和吊篮固定端等。当与主体结构不同时施工时，应设预埋件，并在设计文件中明确预埋件的检测验证参数及要求，确保其安全性与耐久性。例如，新建或改建建筑设计时预留与主体结构连接牢固的空调外机安装位置，并与拟定的机型大小匹配，同时预留操作空间，保障安装、检修、维护人员安全。

【具体评价方式】

本条适用于各类民用建筑的预评价、评价。

预评价查阅涉及外部设施的设计说明、计算书与结构设计大样图等设计文件。

评价查阅预评价涉及内容的竣工文件，还根据设计图要求查阅检修和维护条件、相关检测检验报告。投入使用的项目，尚应查阅外部设施相关管理与维修记录。

4.1.4 建筑内部的非结构构件、设备及附属设施等应连接牢固并能适应主体结构变形。

【条文说明扩展】

建筑内部的非结构构件包括非承重墙体，附着于楼面和屋面结构的构件，装饰构件和部件，固定于楼面的大型储物架、移动式档案密集柜等。设备指建筑中为建筑使用功能服务的附属机械、电气构件、部件和系统，主要包括电梯、照明和应急电源、通信设备、管道系统、供暖和空气调节系统、烟火监测和消防系统、公用天线等。附属设施包括整体卫生间、固定在墙体上的橱柜、储物柜等等。

建筑内部非结构构件、设备及附属设施等应满足建筑使用安全，与主体结构之间的连接满足承载力验算及国家相关规范规定的构造要求。例如，内填充墙高厚比应满足稳定性计算要求；楼屋面下机电设备的吊杆及连接满足吊挂设备的承载力要求；墙上固定吊柜与墙体连接可靠，连接锚栓满足吊柜预期极限承载能力的要求；电梯与主体结构连接可靠，并满足安全使用要求。

适应主体结构的变形，主要指以下几个方面：

1　非结构构件适应主体结构的变形。对非结构构件的填充墙，应适应主体结构梁、柱受力变形及不同材料之间因温度膨胀系数不同而产生的变形，需要采取相应的构造要求。如填充墙墙高超过一定高度与长度即设腰梁及构造柱，与结构柱之间设拉结筋；对非结构构件的装配式内墙条板，在楼面与梁（板）底连接处设金属限位连接卡，墙板之间设子母槽等；对非结构构件的移动式档案密集柜，楼面需要足够的刚度，避免移动档案柜脱轨等。

2　设备及附属设施适应主体结构变形。设备、设施等应采用机械固定、焊接、预埋等牢固性构件连接方式或一体化建造方式与建筑主体结构可靠连接，变形协调，防止由于个别构件破坏引起连续性破坏或倒塌，或者因建筑主体变形过大而影响设备设施的正常运行。应注意以膨胀螺栓、捆绑、支架等连接或安装方式均不能视为一体化措施。例如，固定的设备及附属设施不能直接横跨主体结构的变形缝；电梯竖向井道在主体结构设计使用年限内的基本风压及常遇地震作用下，能正常运行。

近年因装饰装修脱落导致人员伤亡事故屡见不鲜，如吊链或连接件锈蚀导致吊灯掉落、吊顶脱落等。故要求在运营过程中进行定期检查、维修与管理。

【具体评价方式】

本条适用于各类民用建筑的预评价、评价。

预评价查阅结构设计总说明、各连接件、配件、预埋件的材料及力学性能要求等、关键连接构件计算书、连接节点大样图等设计文件，设备及附属设施的布置图及设计说明。

评价查阅预评价涉及内容的竣工文件，还查阅材料决算清单、产品说明书、主要构件连接能力等检测报告。投入使用的项目，尚应查阅运营管理与维修记录。

4.1.5　建筑外门窗必须安装牢固，其抗风压性能和水密性能应符合国家现行有关标准的规定。

【条文说明扩展】

门窗的气密性能已经在本标准中第 3.2.8 条作了规定。门窗抗风压性能和水密性能，应满足现行行业标准《塑料门窗工程技术规程》JGJ 103、《铝合金门窗工程技术规范》JGJ 214 等的规定。

在满足本标准第 4.1.2 条的前提下，本条重点强调建筑外门窗各构件的连接设计及安装施工应牢固。门窗设计时，各构件及连接应具有足够的刚度、承载能力和一定的变位能力，且要求施工安装牢固，否则容易因抗风压变形过大导致水密性不足，引起渗水，也可能因连接失效导致窗扇脱落等问题。在门窗安装施工过程中，应严格按照设计要求、门窗施工工法和相关验收标准要求进行施工，门窗构件之间连接及门窗四周的与围护结构的连接要可靠、密封应完整、连续，确保外门窗本体及其与洞口的结合部位严密。

建设单位应委托第三方检测机构按照现行国家标准《建筑外门窗气密、水密、抗风压性能分级及检测方法》GB/T 7106进行外门窗水密及抗风压性能见证抽样检测，并提供检测报告；最低抽样原则是在各种门窗规格中，取性能最不利一组三个窗（或门）进行实验室检测验证。当对门窗工程质量有怀疑时，可建议建设单位委托第三方检测机构按现行行业标准《建筑外窗气密、水密、抗风压性能现场检测方法》JG/T 211进行现场抗风压性能及水密性能检测验证。

【具体评价方式】

本条适用于各类民用建筑的预评价、评价。

预评价可结合本标准第4.1.2条进行，查阅门窗的设计文件，包括计算书、连接及构造大样做法等，门窗的抗风压性能、水密性能和气密性能的参数要求。

评价查阅预评价涉及内容的竣工文件，还查阅施工工法说明文件，门窗的抗风压性能、水密性能和气密性能检测报告等；现场巡查，有怀疑时，可要求建设单位委托第三方专业检测机构对门窗性能进行现场检测，检测数量不少于1组3个；投入运营之后，尚应查阅相关运营管理制度及定期查验记录与维修记录等。

4.1.6 卫生间、浴室的地面应设置防水层，墙面、顶棚应设置防潮层。

【条文说明扩展】

行业标准《住宅室内防水工程技术规范》JGJ 298－2013对防水材料、防水设计、防水施工、质量验收均有详细规定。

《住宅室内防水工程技术规范》JGJ 298－2013

5.2.1 卫生间、浴室的楼、地面应设置防水层，墙面、顶棚应设置防潮层，门口应有阻止积水外溢的措施。

《民用建筑设计统一标准》GB 50352－2019

6.13.3 厕所、浴室、盥洗室等受水或非腐蚀性液体经常浸湿的楼地面应采取防水、防滑的构造措施，并设排水坡坡向地漏。有防水要求的楼地面应低于相邻楼地面15.0mm。经常有水流淌的楼地面应设置防水层，宜设门槛等挡水设施，且应有排水措施，其楼地面应采用不吸水、易冲洗、防滑的面层材料，并应设置防水隔离层。

《旅馆建筑设计规范》JGJ 62－2014

5.3.1 厨房、卫生间、盥洗室、浴室、游泳池、水疗室等与相邻房间的隔墙、顶棚应采取防潮或防水措施。

5.3.2 厨房、卫生间、盥洗室、浴室、游泳池、水疗室等与其下层房间的楼板应采取防水措施。

【具体评价方式】

本条适用于各类民用建筑的预评价、评价。

预评价查阅相关建筑设计总说明、防水和防潮措施及技术参数要求说明。

评价查阅预评价涉及内容的竣工文件，还查阅防水和防潮相关材料的决算清单、产品说明书、检测报告等。

4.1.7 走廊、疏散通道等通行空间应满足紧急疏散、应急救护等要求，且应保持畅通。

【条文说明扩展】

建筑应根据其高度、规模、使用功能和耐火等级等因素合理设置安全疏散和避难设施；安全出口和疏散门的位置、数量、宽度及疏散楼梯间的形式，应满足人员安全疏散的要求；走廊、疏散通道等应满足现行国家标准《建筑设计防火规范》GB 50016、《防灾避难场所设计规范》GB 51143 等对安全疏散和避难、应急交通的相关要求；对公共建筑及居住建筑的大堂设置用于应急救护的电源插座。

本条重在强调保持通行空间路线畅通、视线清晰，防止对人员活动、步行交通、消防疏散埋下安全隐患。不应有阳台花池、机电箱等凸向走廊、疏散通道，影响走廊、疏散通道的有效设计宽度。

【具体评价方式】

本条适用于各类民用建筑的预评价、评价。

预评价查阅建筑设计平面图。

评价查阅预评价涉及内容的竣工文件。投入使用的项目，尚应查阅相关管理规定及走廊、疏散通道等通行空间的现场影像资料。

4.1.8 应具有安全防护的警示和引导标识系统。

【条文说明扩展】

根据国家标准《安全标志及其使用导则》GB 2894－2008，安全标志分为禁止标志、警告标志、指令标志和提示标志四类。本条所述是指具有警示和引导功能的安全标志，应在场地及建筑公共场所和其他有必要提醒人们注意安全的场所显著位置上设置。

设置显著、醒目的安全警示标志，能够起到提醒建筑使用者注意安全的作用。警示标志一般设置于人员流动大的场所，青少年和儿童经常活动的场所，容易碰撞、夹伤、湿滑及危险的部位和场所等。比如禁止攀爬、禁止倚靠、禁止伸出窗外、禁止抛物、注意安全、当心碰头、当心夹手、当心车辆、当心坠落、当心滑倒、当心落水等。

设置安全引导指示标志，具体包括人行导向标识，紧急出口标志、避险处标志、应急避难场所标志、急救点标志、报警点标志以及其他促进建筑安全使用的引导标志等。对地下室、停车场等还包括车行导向标识。标识设计需要结合建筑平面与建筑功能特点结合流线，合理安排位置和分布密度。在难以确定位置和方向的流线节点上，应增加标识点位以便明示和指引。如紧急出口标志，一般设置于便于安全疏散的紧急出口处，结合方向箭头设置于通向紧急出口的通道、楼梯口等处。

《公共建筑标识系统技术规范》GB/T 51223－2017

4.4.2 人行导向标识点位的设置应符合下列规定：

1 在人行流线的起点、终点、转折点、分叉点、交汇点等容易引起行人对人行路线疑惑的位置，应设置导向标识点位；

2 在连续通道范围内，导向标识点位的间距应考虑其所处环境、标识大小与字体、人流密集程度等因素综合确定，并不应超过50m；

3 公共建筑应设置楼梯、电梯或自动扶梯所在位置的标识；

4 在不同功能区域，或进出上下不同楼层及地下空间的过渡区域应设置导向标识点位。

【具体评价方式】

本条适用于各类民用建筑的预评价、评价。

预评价查阅标识系统设计与设置说明文件。

评价查阅预评价涉及内容的竣工文件，还查阅相关影像资料等。

4.2 评分项

Ⅰ 安全

4.2.1 采用基于性能的抗震设计并合理提高建筑的抗震性能，评价分值为10分。

【条文说明扩展】

基于性能的抗震设计即性能化设计仍是以现有的抗震科学水平和经济条件为前提的，一般需要综合考虑使用功能、设防烈度、结构的不规则程度和类型、结构发挥延性变形的能力、造价、震后的各种损失及修复难度等因素。不同的抗震设防类别，其性能设计要求也有所不同。"小震不坏、中震可修、大震不倒"是一般情况的性能要求，参考国家标准《建筑抗震设计规范》GB 50011－2010（2016年版），地震下可供选定的高于一般情况的预期性能目标可参考表4-1。

表4-1 可供选定的高于一般情况的预期性能目标

地震水准	性能1	性能2	性能3	性能4
多遇地震	完好	完好	完好	完好
设防地震	完好，正常使用	基本完好，检修后继续使用	轻微损坏，简单修理后继续使用	轻微至接近中等损坏，变形<3 $[\Delta u_e]$
罕遇地震	基本完好，检修后继续使用	轻微至中等破坏，修复后继续使用	其破坏需加固后继续使用	接近严重破坏，大修后继续使用

针对具体工程的需要和可能，可以对整体结构，也可以对某些部位或者关键构件或者节点，灵活运用各种措施达到表4-1预期的性能目标。鼓励采用新技术新材料进行抗震性能设计。

本条实际操作时，在确保建筑结构满足"小震不坏、中震可修、大震不倒"一般情况的性能要求的前提下，根据项目实际，可以考虑对整体结构、局部部位或者关键构件及节点按更高的抗震性能目标进行设计，或者采取措施减少地震作用。局部部位或者关键构件及节点可根据建筑平面、立面的规则性及构件的重要性选取。如教学楼的楼梯间作“抗震安全岛”，提高该区域的抗震性能，结构转换层的框支柱、框支梁，剪力墙的底部加强层部位、结构薄弱层构件等等；采取的措施包括设隔震支座（垫）、消能减震支撑、阻尼器等。

【具体评价方式】

本条适用于各类民用建筑的预评价、评价。

预评价查阅相关结构设计文件、结构计算文件及抗震性能的分析报告。

评价查阅预评价涉及内容的竣工文件，还查阅项目安全分析报告及应对措施结果，相关应对设施的检验报告。

4.2.2 采取保障人员安全的防护措施，评价总分值为15分，并按下列规则分别评分并累计：

1 采取措施提高阳台、外窗、窗台、防护栏杆等安全防护水平，得5分；

2 建筑物出入口均设外墙饰面、门窗玻璃意外脱落的防护措施，并与人员通行区域的遮阳、遮风或挡雨措施结合，得5分；

3 利用场地或景观形成可降低坠物风险的缓冲区、隔离带，得5分。

【条文说明扩展】

第1款主要是主动防坠设计，阳台、窗户、窗台、防护栏杆等均应强化防坠设计，降低坠物伤人风险。可采取阳台外窗采用高窗设计、限制窗扇开启角度、增加栏板宽度、窗台与绿化种植整合设计、适度减少防护栏杆垂直杆件水平净距、安装隐形防盗网、住宅外窗的安全防护可与纱窗等相结合的措施。防护栏杆同时需要满足抗水平力验算的要求及国家规范规定的材料最小截面厚度的构造要求。

第2、3款主要是采取被动方法降低坠物风险，第2款系指建筑物出入口，第3款系指建筑物周边。

【具体评价方式】

本条适用于各类民用建筑的预评价、评价。

预评价查阅建筑专业阳台、外窗、窗台、防护栏杆设计图，建筑出入口安全防护设计图及室外场地设计图。

评价查阅预评价涉及内容的竣工文件，还查阅防护栏杆等材料与构件的检测检验报告。

4.2.3 采用具有安全防护功能的产品或配件，评价总分值为10分，并按下列规则分别评分并累计：

1 采用具有安全防护功能的玻璃，得5分；

2 采用具备防夹功能的门窗，得5分。

【条文说明扩展】

第1款主要是对玻璃，本款所述包括分隔建筑室内外的玻璃门窗、幕墙、防护栏杆等采用安全玻璃，室内玻璃隔断、玻璃护栏等采用夹胶钢化玻璃以防止自爆伤人。可参考国家现行标准《建筑用安全玻璃》GB 15763、《建筑玻璃应用技术规程》JGJ 113 以及《建筑安全玻璃管理规定》(发改运行［2003］2116 号)。

为了尽量减少建筑用玻璃制品在受到冲击时对人体造成划伤、割伤等，在建筑中使用玻璃制品时需尽可能地采取下列措施：

1 选择安全玻璃制品时，充分考虑玻璃的种类、结构、厚度、尺寸，尤其是合理选择安全玻璃制品霰弹袋冲击试验的冲击历程和冲击高度级别等；

2 对关键场所的安全玻璃制品采取必要的其他防护；

3 关键场所的安全玻璃制品设置容易识别的标识。

第 2 款主要是对门窗，对于人流量大、门窗开合频繁的民用建筑的公共区域，采用可调力度的闭门器或具有缓冲功能的延时闭门器等措施，防止夹人伤人事故的发生。主要部位包括但不限于电梯门、大堂入口门、旋转门、推拉门窗等。

【具体评价方式】

本条适用于各类民用建筑的预评价、评价。

预评价查阅建筑设计说明等设计文件，安全玻璃、门窗等产品或配件的设计要求（对应相关规范要求，提出产品或者配件的设计参数）。

评价查阅预评价涉及内容的竣工文件，还查阅材料决算清单，安全玻璃、门窗等产品或配件的型式检验报告（对应参数应符合设计要求），进场产品或配件的第三方检测检验报告。

4.2.4 室内外地面或路面设置防滑措施，评价总分值为 10 分，并按下列规则分别评分并累计：

1 建筑出入口及平台、公共走廊、电梯门厅、厨房、浴室、卫生间等设置防滑措施，防滑等级不低于现行行业标准《建筑地面工程防滑技术规程》JGJ/T 331 规定的 B_d、B_W级，得 3 分；

2 建筑室内外活动场所采用防滑地面，防滑等级达到现行行业标准《建筑地面工程防滑技术规程》JGJ/T 331 规定的 A_d、A_W级，得 4 分；

3 建筑坡道、楼梯踏步防滑等级达到现行行业标准《建筑地面工程防滑技术规程》JGJ/T 331 规定的 A_d、A_W级或按水平地面等级提高一级，并采用防滑条等防滑构造技术措施，得 3 分。

【条文说明扩展】

设计文件应明确建筑出入口及平台、公共走廊、电梯门厅、厨房、浴室、卫生间、室内外活动场所、建筑坡道、楼梯踏步等防滑设计部位、防滑设计规范依据及防滑安全等级要求；项目建设单位应委托专业检测机构对设计要求进行检测验证。

《建筑地面工程防滑技术规程》JGJ/T 331-2014

3.0.3 建筑地面防滑安全等级应分为四级。室外地面、室内潮湿地面、坡道及踏步防滑值应符合表3.0.3-1的规定，检测方法应符合本规程附录A.1的规定；室内干态地面静摩擦系数应符合表3.0.3-2的规定，检测方法应符合本规程附录A.2的规定。

表3.0.3-1 室外及室内潮湿地面湿态防滑值

防滑等级	防滑安全程度	防滑值 *BPN*
A_w	高	*BPN*≥80
B_w	中高	60≤*BPN*<80
C_w	中	45≤*BPN*<60
D_w	低	*BPN*<45

表3.0.3-2 室内干态地面静摩擦系数

防滑等级	防滑安全程度	静摩擦系数 *COF*
A_d	高	*COF*≥0.70
B_d	中高	0.60≤*COF*<0.70
C_d	中	0.50≤*COF*<0.60
D_d	低	*COF*<0.50

【具体评价方式】

本条适用于各类民用建筑的预评价、评价。

预评价查阅建筑设计说明、防滑构造做法等设计文件。

评价查阅预评价涉及内容的竣工文件，还查阅防滑材料有关检测检验报告。

4.2.5 采取人车分流措施，且步行和自行车交通系统有充足照明，评价分值为8分。

【条文说明扩展】

人车分流将行人和机动车完全分离开，互不干扰，非紧急情况下人员主要活动区域不允许机动车进入，充分保障行人尤其是老人和儿童的安全。提供完善的人行道路网络可鼓励公众步行，也是建立以行人为本的城市的先决条件。

夜间行人的不安全感和实际存在的危险与道路等行人设施的照度水平和照明质量密切相关。步行和自行车交通系统照明应以路面平均照度、路面最小照度和垂直照度为评价指标，其照明标准值应不低于行业标准《城市道路照明设计标准》CJJ 45－2015的规定。

《城市道路照明设计标准》CJJ 45－2015

3.5.1 主要供行人和非机动车使用的道路的照明标准值应符合表3.5.1-1的规定。

表3.5.1-1 人行及非机动车道照明标准值

级别	道路类型	路面平均照度 $E_{h,av}$ (lx) 维持值	路面最小照度 $E_{h,min}$ (lx) 维持值	最小垂直照度 $E_{v,min}$ (lx) 维持值	最小半柱面照度 $E_{sc,min}$ (lx) 维持值
1	商业步行街；(其他类型略)	15	3	5	3
2	流量较高的道路	10	2	3	2

续表 3.5.1-1

级别	道路类型	路面平均照度 $E_{h,av}$（lx）维持值	路面最小照度 $E_{h,min}$（lx）维持值	最小垂直照度 $E_{v,min}$（lx）维持值	最小半柱面照度 $E_{sc,min}$（lx）维持值
3	流量中等的道路	7.5	1.5	2.5	1.5
4	流量较低的道路	5	1	1.5	1

注：最小垂直照度和半柱面照度的计算点或测量点均位于道路中心线上距路面 1.5m 高度处。最小垂直照度需计算或测量通过该点垂直于路轴的平面上两个方向上的最小照度。

【具体评价方式】

本条适用于各类民用建筑的预评价、评价。

预评价查阅总平面图、道路流线分析图等人车分流专项设计文件、道路照明设计文件。

评价查阅预评价涉及内容的竣工文件，还查阅道路照度现场检测报告等。

Ⅱ 耐 久

4.2.6 采取提升建筑适变性的措施，评价总分值为 18 分，并按下列规则分别评分并累计：

1 采取通用开放、灵活可变的使用空间设计，或采取建筑使用功能可变措施，得 7 分；

2 建筑结构与建筑设备管线分离，得 7 分；

3 采用与建筑功能和空间变化相适应的设备设施布置方式或控制方式，得 4 分。

【条文说明扩展】

建筑适变性包括建筑的适应性和可变性。适应性是指使用功能和空间的变化潜力，可变性是指结构和空间行的形态变化。除走廊、楼梯、电梯井、卫生间、厨房、设备机房、公共管井以外的地上室内空间均应视为“可适变空间”，有特殊隔声、防护及特殊工艺需求的空间不计入。此外，作为商业、办公用途的地下空间也应视为“可适变的室内空间”，其他用途的地下空间可不计入。

第 1 款，其目的是避免室内空间重新布置或者建筑功能变化时对原结构进行局部拆除或者加固处理，可采取的措施包括：

（1）楼面采用大开间和大进深结构布置；

（2）灵活布置内隔墙；

（3）提高楼面活荷载取值，活荷载取值根据其建筑功能要求对应高于国家标准《建筑荷载设计规范》GB 50009 - 2012 第 5.1.1 条表 5.1.1 中规定值的 25%，且不少于 $1kN/m^2$；

（4）其他可证明满足功能适变的措施。

特别地，住宅一般以“户”为单位，可采取的措施包括考虑户内居室的可转换性及转换后的使用舒适性，如2居室可转换为3居室，3居室可转换为2居室，即满足上述第（2）项；结构布置时，墙、柱、梁的布置不影响居室转换且卧室中间不露梁、柱，即满足上述第（1）项；结构计算时，提高楼面活荷载取值，即满足上述第（3）项等。

第2款，根据行业标准《装配式住宅建筑设计标准》JGJ/T 398－2017的规定，管线分离是建筑结构体中不埋设设备及管线，将设备及管线与建筑结构体相分离的方式。建筑结构不仅仅指建筑主体结构，还包括外围护结构和公共管井等可保持长久不变的部分。除了采用支撑体和填充体相分离的建筑体系（SI体系）的装配式建筑可认定实现了建筑主体结构与建筑设备管线分离之外，其他可采用的技术措施包括：

（1）墙体与管线分离，或采用轻质隔墙、双层贴面墙；双层贴面墙的墙内侧设装饰壁板，架空空间用来安装铺设电气管线、开关、插座使用；对外墙架空空间可同时整合内保温工艺。

（2）设公共管井，集中布置设备主管线；卫生间架空地面上设同层排水，设双层天棚等，可方便铺设设备管线。

（3）室内地板下面采用次级结构支撑，或者卫生间设架空地面上设同层排水，或者室内设双层天棚等措施，方便设备管线的铺设。对公共建筑，也可直接在结构天棚下合理布置管线，采用明装方式。

第3款，能够与第1款中建筑功能或空间变化相适应的设备设施布置方式或控制方式，既能够提升室内空间的弹性利用，也能够提高建筑使用时的灵活度。比如家具、电器与隔墙相结合，满足不同分隔空间的使用需求；或采用智能控制手段，实现设备设施的升降、移动、隐藏等功能，满足某一空间的多样化使用需求；还可以采用可拆分构件或模块化布置方式，实现同一构件在不同需求下的功能互换，或同一构件在不同空间的功能复制。以上所有变化，均不需要改造主体及围护结构。具体实施可表现为：

（1）平面布置时，设备设施的布置及控制方式满足建筑空间适变后要求，无须大改造即可满足使用舒适性及安全要求；如层内或户内水、强弱电、供暖通风等竖井及分户计量控制箱位置的不改变即可满足建筑适变的要求。

（2）设备空间模数化设计，设备设施模块化布置，便于拆卸、更换等；包括整体厨卫、标准尺寸的电梯等。

（3）对公共建筑，采用可移动、可组合的办公家具、隔断等，形成不同的办公空间，方便长短期的不同人群的移动办公需求。

【具体评价方式】

本条适用于各类民用建筑的预评价、评价。

预评价查阅建筑适变性提升措施的专项设计说明及建筑、结构、设备及装修相关设计文件，重点审核措施的合理性。

评价查阅预评价涉及内容的竣工文件，及建筑适变性提升措施的专项设计说明。投入使用后曾变换功能和空间的项目，专项设计说明中尚应说明建筑适变性提升措施的具体应用效果。

4.2.7 采取提升建筑部品部件耐久性的措施，评价总分值为10分，并按下列规则分别评分并累计：

1 使用耐腐蚀、抗老化、耐久性能好的管材、管线、管件，得5分；

2 活动配件选用长寿命产品，并考虑部品组合的同寿命性；不同使用寿命的部品组合时，采用便于分别拆换、更新和升级的构造，得5分。

【条文说明扩展】

第1款主要是对管材、管线、管件，全数均要求耐腐蚀、抗老化、耐久性能好。室内给水系统，可采用耐腐蚀、抗老化、耐久等综合性能好的不锈钢管、铜管、塑料管道（同时应符合现行国家标准《建筑给水排水设计规范》GB 50015对给水系统管材选用规定）等；电气系统，可采用低烟低毒阻燃型线缆、矿物绝缘类不燃性电缆、耐火电缆等，且导体材料采用铜芯。注意，管材、管线、管件不仅涉及给水和电气，还包括排水、暖通、燃气等。所采用的产品均应符合国家现行有关标准规范规定的参数要求。

第2款主要是对建筑的各种五金配件、管道阀门、开关龙头等活动配件。倡导选用长寿命的优质产品，且构造上易于更换，同时还应考虑为维护、更换操作提供方便条件。门窗，其反复启闭性能达到相应产品标准要求的2倍，其检测方法需满足现行行业标准《建筑门窗反复启闭性能检测方法》JG/T 192；遮阳产品，机械耐久性达到相应产品标准要求的最高级，其检测方法需满足现行行业标准《建筑遮阳产品机械耐久性能试验方法》JG/T 241；水嘴，其寿命需超出现行国家标准《陶瓷片密封水嘴》GB 18145等相应产品标准寿命要求的1.2倍；阀门，其寿命需超出现行相应产品标准寿命要求的1.5倍。

【具体评价方式】

本条适用于各类民用建筑的预评价、评价。

预评价查阅建筑、给水排水、电气、燃气、装修等专业设计说明，部品部件的耐久性设计性能参数要求。

评价查阅预评价涉及内容的竣工文件，还查阅材料决算清单、产品说明书及型式检验报告（对应性能参数应符合设计要求），进场产品或配件的第三方检测检验报告。投入使用的项目，尚应查阅运营管理制度及定期查验记录与维修记录等。

4.2.8 提高建筑结构材料的耐久性，评价总分值为10分，并按下列规则评分：

1 按100年进行耐久性设计，得10分。

2 采用耐久性能好的建筑结构材料，满足下列条件之一，得10分：

1） 对于混凝土构件，提高钢筋保护层厚度或采用高耐久混凝土；

2） 对于钢构件，采用耐候结构钢及耐候型防腐涂料；

3） 对于木构件，采用防腐木材、耐久木材或耐久木制品。

【条文说明扩展】

第1款主要是耐久性设计。具体来说，结构的耐久性设计应使结构构件出现耐久性极限状态标志或限制的年限不小于100年，耐久性设计应包括保证构件质量的预防性处理措施、减小侵蚀作用的局部环境改善措施、延缓构件出现损伤的表面防护措施和延缓材料性能劣化速度的保护措施。国家标准《建筑结构可靠性设计统一标准》GB 50068－2018的附录C提出了耐久性设计的具体规定。

第2款主要是建筑结构材料的耐久性能，具体如下：

（1）对混凝土结构，结合建筑的环境类别及作用等级，具体采用提高钢筋保护层厚度或高耐久性等级混凝土。当采用提高钢筋保护层厚度时，保护层厚度增加值不应小于5mm。当采用高耐久混凝土时，具体采用何种类型的高耐久性混凝土，需在满足设计要求下，结合具体环境（如盐碱地等）及作用等级，合理提出抗渗性能、抗硫酸盐侵蚀性能，抗氯离子渗透性能、抗碳化性能、早期抗裂性能等耐久性指标要求。各项混凝土耐久性指标的检测与试验应按现行国家标准《普通混凝土长期性能和耐久性能试验方法标准》GB/T 50082的规定执行，测试结果应按现行行业标准《混凝土耐久性检验评定标准》JGJ/T 193的规定进行性能等级划分。

（2）耐候结构钢是指符合现行国家标准《耐候结构钢》GB/T 4171要求的钢材；耐候型防腐涂料是指符合现行行业标准《建筑用钢结构防腐涂料》JG/T 224的Ⅱ型面漆和长效型底漆。

（3）根据国家标准《多高层木结构建筑技术标准》GB/T 51226－2017，多高层木结构建筑采用的结构木材可分为方木、原木、规格材、层板胶合木、正交胶合木、结构复合木材、木基结构板材以及其他结构用锯材，其材质等级应符合现行国家标准《木结构设计标准》GB 50005的有关规定。

【具体评价方式】

本条适用于各类民用建筑的预评价、评价。

预评价查阅结构施工图、建筑施工图及工程地质勘察报告，重点审核建筑结构形式、耐久性设计年限，以及各类结构构件材料的耐久性设计要求。

评价查阅预评价涉及内容的竣工文件，重点审核建筑结构形式、材料耐久性设计要求；还查阅材料决算清单及计算书、相关产品说明及检测报告，重点审核钢筋保护层厚度、高耐久性混凝土、耐候结构钢或耐候型防腐涂料、防腐木材、耐久木材或耐久木制品等耐久性建筑结构材料的使用情况。投入使用的项目，尚应查阅运营管理制度及定期查验记录与维修记录等。

4.2.9 合理采用耐久性好、易维护的装饰装修建筑材料，评价总分值为9分，并按下列规则分别评分并累计：

1 采用耐久性好的外饰面材料，得3分；

2 采用耐久性好的防水和密封材料，得3分；

3 采用耐久性好、易维护的室内装饰装修材料，得3分。

【条文说明扩展】

第1款主要是外饰面材料，包括采用水性氟涂料或耐候性相当的涂料，选用耐久性与建筑幕墙设计年限相匹配的饰面材料，合理采用清水混凝土等。采用清水混凝土可减少装饰装修材料用量，减轻建筑自重，因此在本款中鼓励项目结合实际情况合理使用清水混凝土。采用水性氟涂料或耐候性相当的涂料，耐候性应符合行业标准《建筑用水性氟涂料》HG/T 4104－2009中优等品的要求：

（1）在氙灯加速老化条件下：

白色和浅色：5000h 变色≤2 级；粉化≤1 级；

其他色：5000h 变色商定；粉化商定。

（2）在超级荧光紫外加速老化条件下：

白色和浅色：1700h 变色≤1 级；粉化 0 级；

其他色：1700h 变色商定；粉化商定。

第 2 款主要是防水和密封材料，国家标准《绿色产品评价防水与密封材料》GB/T 35609－2017 对于沥青基防水卷材、高分子防水卷材、防水涂料、密封胶的耐久性提出了具体要求，可供参考。

第 3 款主要是室内装饰装修材料，包括选用耐洗刷性≥5000 次的内墙涂料，选用耐磨性好的陶瓷地砖（有釉砖耐磨性不低于 4 级，无釉砖磨坑体积不大于 127mm^3），采用免装饰面层的做法（如清水混凝土，免吊顶设计）等。每类材料的用量比例需不小于 80%方可判定得分。

【具体评价方式】

本条适用于各类民用建筑的预评价、评价。

预评价查阅装修材料表、装修施工图中的装修材料种类及技术要求，必要时核查材料预算清单、建筑设计图纸等相关说明文件。

评价查阅预评价涉及内容的竣工文件，还查阅材料决算清单及材料采购文件、材料性能检测报告等耐久性证明材料等。对于已进行二次装修或更新改造的项目，还应查阅相关采购记录文件中材料及对应的检测报告。投入使用的项目，尚应查阅运营管理制度及定期查验记录与维修记录等。

5 健 康 舒 适

5.1 控 制 项

5.1.1 室内空气中的氨、甲醛、苯、总挥发性有机物、氡等污染物浓度应符合现行国家标准《室内空气质量标准》GB/T 18883 的有关规定。建筑室内和建筑主出入口处应禁止吸烟，并应在醒目位置设置禁烟标志。

【条文说明扩展】

本条第 1 句主要对室内空气污染物提出要求。

《室内空气质量标准》GB/T 18883－2002

表 1 室内空气质量标准

污染物	单位	标准值	备注
氨 NH_3	mg/m^3	0.20	1 小时均值
甲醛 HCHO	mg/m^3	0.10	1 小时均值
苯 C_6H_6	mg/m^3	0.11	1 小时均值
总挥发性有机物 TVOC	mg/m^3	0.60	8 小时均值
氡 ^{222}Rn	Bq/m^3	400	年平均值

项目在设计时即应采取措施，对室内空气污染物浓度进行预评估，预测工程建成后室内空气污染物的浓度情况，指导建筑材料的选用和优化。预评价时，应综合考虑建筑情况、室内装修设计方案、装修材料的种类、使用量、室内新风量、环境温度等诸多影响因素，以各种装修材料、家具制品主要污染物的释放特征（如释放速率）为基础，以“总量控制”为原则。依据装修设计方案，选择典型功能房间（卧室、客厅、办公室等）使用的主要建材（3～5 种）及固定家具制品，对室内空气中甲醛、苯、总挥发性有机物的浓度水平进行预评估。其中建材污染物释放特性参数及评估计算方法可参考现行行业标准《住宅建筑室内装修污染控制技术标准》JGJ/T 436 和《公共建筑室内空气质量控制设计标准》JGJ/T 461 的相关规定。

评价时，应选取每栋单体建筑中具有代表性的典型房间进行采样检测，采样和检验方法应符合现行国家标准《室内空气质量标准》GB/T 18883 的相关规定，抽检量的要求按照国家标准《民用建筑工程室内环境污染控制规范》GB 50325－2010 的要求，即采样的房间数量不少于房间总数的 5%，且每个单体建筑不少于 3 间。

本条第2句是禁烟要求。本条所述的建筑室内，主要指的是公共建筑室内和住宅建筑（含宿舍建筑）内的公共区域。

【具体评价方式】

本条适用于各类民用建筑的预评价、评价。预评价时，非全装修项目不参评；全装修项目，第1句可仅对装修空间空气中的甲醛、苯、总挥发性有机物3类进行浓度预评估，第2句按要求执行。评价时，非全装修项目投入使用之前，符合现行国家标准《民用建筑工程室内环境污染控制规范》GB 50325的有关要求，视为本条达标；其余情况均按本条要求执行。

预评价查阅建筑设计文件，建筑及装修材料使用说明（种类、用量）、禁止吸烟措施说明文件，污染物浓度预评估分析报告。

评价查阅预评价涉及内容的竣工文件、建筑及装修材料使用说明（种类、用量）、禁止吸烟措施说明文件，污染物浓度预评估分析报告，室内空气质量检测报告，禁烟标志的现场影像资料和当地管理部门或业主制定的禁烟规章制度。

5.1.2 应采取措施避免厨房、餐厅、打印复印室、卫生间、地下车库等区域的空气和污染物串通到其他空间；应防止厨房、卫生间的排气倒灌。

【条文说明扩展】

厨房、餐厅、打印复印室、卫生间、地下车库等区域都是建筑室内的污染源空间，如不进行合理设计，会导致污染物串通至其他空间，影响人的健康。因此，不仅要对这些污染源空间与其他空间之间进行合理隔断，还要采取合理的排风措施保证合理的气流组织，避免污染物扩散。例如，将厨房和卫生间设置于建筑单元（或户型）自然通风的负压侧，并保证一定的压差，防止污染源空间的气味和污染物进入室内而影响室内空气质量。同时，可以对不同功能房间保持一定压差，避免气味或污染物串通到室内其他空间。如设置机械排风，应保证负压，还应注意其取风口和排风口的位置，避免短路或污染。

为防止厨房、卫生间的排气倒灌，厨房和卫生间宜设置竖向排风道，并设置机械排风，保证负压。厨房和卫生间的排气道设计应符合现行国家标准《住宅设计规范》GB 50096、《住宅建筑规范》GB 50368、《建筑设计防火规范》GB 50016、《民用建筑设计统一标准》GB 50352、《住宅排气管道系统工程技术标准》JGJ/T 455等的规定。排气道的断面、形状、尺寸和内壁应有利于排烟（气）通畅，防止产生阻滞、涡流、串烟、漏气和倒灌等现象。其他措施还包括安装止回排气阀、防倒灌风帽等。止回排气阀的各零件部品表面应平整，不应有裂缝、压坑及明显的凹凸、锤痕、毛刺、孔洞等缺陷。

《民用建筑供暖通风与空气调节设计规范》GB 50736－2012

6.3.4（4）（住宅）厨房、卫生间宜设竖向排风道，竖向排风道应具有防火、防倒灌及均匀排气的功能，并应采取防止支管回流和竖井泄漏的措施。顶部应设置防止室外风倒灌装置。

6.3.5（5）（公共厨房）排风罩、排油烟风道及排风机设置安装应便于油、水的收集和油污清理，且应采取防止油烟气味外溢的措施。

> 6.3.6（1） 公共卫生间应设置机械排风系统。公共浴室宜设气窗；无条件设气窗时，应设独立的机械排风系统。应采取措施保证浴室、卫生间对更衣室以及其他公共区域的负压。

【具体评价方式】

本条适用于各类民用建筑的预评价、评价。

预评价查阅全部污染源空间的通风设计说明及施工图、关键设备参数表等设计文件，气流组织模拟分析报告。重点检查打印复印室等体量较小空间的通风设计。

评价查阅预评价涉及内容的竣工文件，还查阅气流组织模拟分析报告、相关产品性能检测报告或质量合格证书。

5.1.3 给水排水系统的设置应符合下列规定：

1 生活饮用水水质应满足现行国家标准《生活饮用水卫生标准》GB 5749 的要求；

2 应制定水池、水箱等储水设施定期清洗消毒计划并实施，且生活饮用水储水设施每半年清洗消毒不应少于 1 次；

3 应使用构造内自带水封的便器，且其水封深度不应小于 50mm；

4 非传统水源管道和设备应设置明确、清晰的永久性标识。

【条文说明扩展】

第 1 款，建筑生活饮用水用水点水质应符合现行国家标准《生活饮用水卫生标准》GB 5749 的规定。

现行国家标准《生活饮用水卫生标准》GB 5749 对饮用水中与人群健康相关的各种因素（物理、化学和生物），作出了量值规定，同时对为实现量值所作的有关行为提出了规范要求，包括：生活饮用水水质卫生要求、生活饮用水水源水质卫生要求、集中式供水单位卫生要求、二次供水卫生要求、涉及生活饮用水卫生安全产品卫生要求、水质监测和水质检验方法等。生活饮用水主要水质指标包括微生物指标、毒理指标、感官性状和一般化学指标、放射性指标、消毒剂指标等，而这些指标又分为常规指标和非常规指标。常规指标指能反映生活饮用水水质基本状况的水质指标；非常规指标指根据地区、时间或特殊情况需要的生活饮用水水质指标。

第 2 款，生活饮用水储水设施包括饮用水供水系统储水设施、集中生活热水储水设施、储有生活用水的消防储水设施、冷却用水储水设施、游泳池及水景平衡水箱（池）等。水池、水箱等储水设施的设计与运行管理应符合现行国家标准《二次供水设施卫生规范》GB 17051 的要求。

第 3 款，选用构造内自带水封的便器，应满足国家现行标准《卫生陶瓷》GB 6952 和《节水型生活用水器具》CJ/T 164 的规定。

第 4 款，建筑内非传统水源管道及设备的标识设置可参考现行国家标准《工业管道的基本识别色、识别符号和安全标识》GB 7231、《建筑给水排水及采暖工程施工质量验收规范》GB 50242 中的相关要求，如：在管道上设色环标识，两个标识之间的最小距离不应大于 10m，所有管道的起点、终点、交叉点、转弯处、阀门和穿墙孔两侧等的管道上和其他需要标识的部位均应设置标识，标识由系统名称、流向等组成，设置的标识字体、大小、颜色应方便辨识，且应为永久性的标识，避免标识随时间褪色、剥落、损坏。

【具体评价方式】

本条适用于各类民用建筑的预评价、评价。若项目未设置储水设施，则本条不考察第 2 款。

预评价查阅市政供水的水质检测报告，报告要求包含全部常规指标及项目所在地实施的非常规指标（可用同一水源邻近项目一年以内的水质检测报告代替）；项目所在地生活饮用水非常规指标实施规定说明；给水排水施工图设计说明，要求包含生活饮用水水质的要求、对便器自带水封要求的说明、非传统水源管道和设备标识设置说明。

评价查阅预评价涉及内容的竣工文件，包含生活饮用水水质的要求、采用的自带水封便器的产品说明；项目生活饮用水的水质检测报告，报告至少应包含水源（市政供水、自备井水等）、水处理设施出水及最不利用水点的全部常规指标及项目所在地实施的非常规指标；项目所在地生活饮用水非常规指标实施规定说明；非传统水源管道和设备标识设置说明，重点审核现场标识的实际落实情况。已投入使用的项目，尚应查阅项目储水设施清洗消毒管理制度、储水设施清洗消毒工作记录（含清洗委托合同、清洗后的水质检测报告）。

5.1.4 主要功能房间的室内噪声级和隔声性能应符合下列规定：

1 室内噪声级应满足现行国家标准《民用建筑隔声设计规范》GB 50118 中的低限要求；

2 外墙、隔墙、楼板和门窗的隔声性能应满足现行国家标准《民用建筑隔声设计规范》GB 50118 中的低限要求。

【条文说明扩展】

第 1 款是主要功能房间的室内噪声级要求。住宅、办公、商业、医院主要功能房间的噪声级限值，应分别与现行国家标准《民用建筑隔声设计规范》GB 50118 中不同类型建筑涉及房间的要求一一对应；学校建筑主要功能房间的噪声级低限标准限值按现行国家标准《民用建筑隔声设计规范》GB 50118 中的规定值选取；旅馆建筑主要功能房间的噪声级低限标准限值按二级指标选取；其余类型民用建筑，可参照相近功能类型的要求进行评价，也可依据相应类型建筑的建筑设计规范进行评价，如现行行业标准《托儿所、幼儿园建筑设计规范》JGJ 39、《老年人照料设施建筑设计标准》JGJ 450、《宿舍建筑设计规范》JGJ 36、《电影院建筑设计规范》JGJ 58、《剧场建筑设计规范》JGJ 57、《体育建筑设计规范》JGJ 31、《体育场馆声学设计及测量规程》JGJ/T 131 等；没有明确噪声级要求的空间（如办公建筑的中庭），室内噪声级可不做要求。根据国家标准《民用建筑隔声设计规范》GB 50118－2010 中的规定，汇总各类建筑主要功能房间的室内允许噪声级的低限要求见表 5-1。室内噪声级检测方法应依据《民用建筑隔声设计规范》GB 50118－2010 附录 A 的相关要求。室内噪声级检测应涵盖每栋建筑的各类主要功能房间，应选取具有代表性的典型房间进行检测，检测的房间数量不少于房间总数的 2%，且每个单体建筑中同一功能类型房间的检测数量不应少于3间（若该类房间少于3间，需全检）。

表5-1 室内允许噪声级

建筑类型	房间名称	允许噪声级（A声级，dB）	
		低限标准	高要求标准
住宅建筑	卧室	⩽45（昼）/⩽37（夜）	⩽40（昼）/⩽30（夜）
	起居室（厅）	⩽45	⩽40
学校建筑	语音教室、阅览室	⩽40	⩽35
	普通教室、实验室、计算机房	⩽45	⩽40
	音乐教室、琴房	⩽45	⩽40
	舞蹈教室	⩽50	⩽45
	教师办公室、休息室、会议室	⩽45	⩽40
医院建筑	病房、医护人员休息室	⩽45（昼）/⩽40（夜）	⩽40（昼）/⩽35（夜）
	各类重症监护室	⩽45（昼）/⩽40（夜）	⩽40（昼）/⩽35（夜）
	诊室	⩽45	⩽40
	手术室、分娩室	⩽45	⩽40
	洁净手术室	⩽50	—
	人工生殖中心净化区	⩽40	—
	化验室、分析实验室	⩽40	—
	入口大厅、候诊厅	⩽55	⩽50
旅馆建筑	客房	⩽45（昼）/⩽40（夜）	⩽35（昼）/⩽30（夜）
	办公室、会议室	⩽45	⩽40
	多用途厅	⩽50	⩽40
	餐厅、宴会厅	⩽55	⩽45
办公建筑	单人办公室	⩽40	⩽35
	多人办公室	⩽45	⩽40
	电视电话会议室	⩽40	⩽35
	普通会议室	⩽45	⩽40
商业建筑	商场、商店、购物中心、会展中心	⩽55	⩽50
	餐厅	⩽55	⩽45
	员工休息室	⩽45	⩽40

第2款是建筑构件在实验室测得的隔声性能指标，含空气声隔声性能和撞击声隔声性能两种类型。若能提供相应建筑设计图集证明文件或建筑构件实验室隔声性能检测报告等证明文件，无须进行现场隔声性能检测。根据国家标准《民用建筑隔声设计规范》GB 50118－2010中的规定，汇总各类主要建筑构件的隔声性能低限要求见表5-2、表5-3，对于表中未汇总的非主要建筑构件，不做要求。对于旅馆建筑，《民用建筑隔声设计规范》

GB 50118－2010的隔声标准有三级，一级为低限要求；对于学校建筑，《民用建筑隔声设计规范》GB 50118－2010的所有构件隔声标准只有一个级别，进行评价时将该级别视为低限标要求；除旅馆建筑和学校建筑外，对于商业建筑，《民用建筑隔声设计规范》GB 50118－2010仅对部分类型的隔墙、楼板隔声性能有要求，对外墙、门和窗的空气声隔声性能无标准要求，仅评价规定的建筑构件；其他各类建筑的隔墙和楼板均规定有低限要求，但外墙、门窗隔声标准只有一个级别，进行评价时将该级别视为低限标准。对于《民用建筑隔声设计规范》GB 50118－2010没有涉及的建筑类型的围护结构构件隔声性能，可参照相近功能类型的要求进行评价，也可依据相应类型建筑的建筑设计规范相关条文进行评价，如《托儿所、幼儿园建筑设计规范》JGJ 39、《老年人照料设施建筑设计标准》JGJ 450、《宿舍建筑设计规范》JGJ 36、《电影院建筑设计规范》JGJ 58、《剧场建筑设计规范》JGJ 57、《体育建筑设计规范》JGJ 31；对于有些建造时无明确隔声要求的建筑构件，如办公建筑中的大开间或整层交付空间，由最终用户自行砌筑隔墙，隔声性能可不做要求。主要建筑构件的隔声性能实验室检测应依据现行国家标准《建筑外窗空气声隔声性能分级及检测方法》GB/T 8485、《声学　建筑和建筑构件隔声测量　第3部分：建筑构件空气声隔声的实验室测量》GB/T 19889.3、《声学　建筑和建筑构件隔声测量　第6部分：楼板撞击声隔声的实验室测量》GB/T 19889.6、《建筑隔声评价标准》GB/T 50121等标准的相关要求。

表5-2　主要建筑构件空气声隔声低限标准

建筑类型	构件/房间名称	空气声隔声单值评价量＋频谱修正量（dB）	
住宅建筑	外墙	计权隔声量＋交通噪声频谱修正量 R_w+C_{tr}	≥45
	外窗		≥30（交通干线两侧卧室、起居室）/≥25（其他）
	户（套）门	计权隔声量＋粉红噪声频谱修正量 R_w+C	≥25
	分户墙、分户楼板		＞45
	户内卧室墙		≥35
学校建筑	外墙	计权隔声量＋交通噪声频谱修正量 R_w+C_{tr}	≥45
	外窗		≥30（临交通干线）/≥25（其他）
	门	计权隔声量＋粉红噪声频谱修正量 R_w+C	≥20
	普通教室之间的隔墙与楼板		＞45
	语音教室、阅览室的隔墙与楼板		＞50
医院建筑	外墙	计权隔声量＋交通噪声频谱修正量 R_w+C_{tr}	≥45
	外窗		≥30（临街一侧病房）/≥25（其他）
	门	计权隔声量＋粉红噪声频谱修正量 R_w+C	≥20
	病房之间及病房、手术室与普通房间之间的隔墙、楼板		＞45
	诊室之间的隔墙、楼板		＞40

续表 5-2

建筑类型	构件/房间名称	空气声隔声单值评价量＋频谱修正量（dB）	
旅馆建筑	客房外墙（含窗）	计权隔声量＋交通噪声频谱修正量 R_w+C_{tr}	＞35
	客房外窗		≥30
	客房门	计权隔声量＋粉红噪声频谱修正量 R_w+C	≥25
	客房之间的隔墙、楼板		＞45
办公建筑	外墙	计权隔声量＋交通噪声频谱修正量 R_w+C_{tr}	≥45
	外窗		≥30（邻交通干线的办公室、会议室）/≥25（其他）
	门	计权隔声量＋粉红噪声频谱修正量 R_w+C	≥20
	办公室、会议室与普通房间之间的隔墙、楼板		＞45
商业建筑	健身中心、娱乐场所等与噪声敏感房间之间的隔墙、楼板	计权隔声量＋交通噪声频谱修正量 R_w+C_{tr}	＞55
	购物中心、餐厅、会展中心等与噪声敏感房间之间的隔墙、楼板		＞45

表 5-3 楼板撞击声隔声低限标准（实验室测量）

建筑类型	楼板部位	计权规范化撞击声压级 $L_{n,w}$（实验室测量）
住宅建筑	卧室、起居室的分户楼板	＜75
学校建筑	语音教室、阅览室与上层房间之间的楼板	＜65
	普通教室之间的楼板	＜75
医院建筑	病房、手术室与上层房间之间的楼板	＜75
旅馆建筑	客房与上层房间之间的楼板	＜65
办公建筑	办公室、会议室顶部的楼板	＜75
商业建筑	健身中心、娱乐场所等与噪声敏感房间之间的楼板	＜50

【具体评价方式】

本条适用于各类民用建筑的预评价、评价。

预评价，第 1 款查阅建筑平面剖面图、建筑设计说明、门窗表等图纸，及可能有的声环境专项设计报告，重点审核基于环评报告室外噪声要求对室内的背景噪声影响（也包括室内噪声源影响）的分析报告以及在图纸上的落实情况；第 2 款查阅建筑平面剖面图，建筑设计说明中关于围护结构的构造说明、材料做法表、大样图纸等设计文件，主要构件隔声性能分析报告或实验室检测报告。

评价查阅预评价涉及内容的竣工文件，第 1 款还查阅典型时间、主要功能房间的室内噪声检测报告，第 2 款还查阅主要构件隔声性能的实验室检测报告。

5.1.5 建筑照明应符合下列规定：

1 照明数量和质量应符合现行国家标准《建筑照明设计标准》GB 50034 的规定；

2 人员长期停留的场所应采用符合现行国家标准《灯和灯系统的光生物安全性》GB/T 20145 规定的无危险类照明产品；

3 选用 LED 照明产品的光输出波形的波动深度应满足现行国家标准《LED 室内照明应用技术要求》GB/T 31831 的规定。

【条文说明扩展】

第 1 款主要是照明数量和质量。各类民用建筑中的室内照度、眩光值、一般显色指数等照明数量和质量指标应符合现行国家标准《建筑照明设计标准》GB 50034 的规定。国家标准《建筑照明设计标准》GB 50034－2013 规定了居住建筑、公共建筑、工业建筑室内功能照明的照明数量和质量。其中公共建筑包括：图书馆、办公、商店、观演、旅馆、医疗、教育、博览、会展、交通、金融、体育等建筑。在进行评价时，照明产品的颜色参数应符合标准对于光源颜色的规定；现场的照度、照度均匀度、显色指数、眩光等指标应符合标准第 5 章的规定。以办公建筑为例，标准规定了该类型建筑的各个指标，如表 5-4 所示，表中照度标准值、U_0、R_a为下限值，而 UGR 为上限值。标准修订后，各项指标的评价应按照最新版标准执行。

表 5-4 办公建筑照明标准值

房间或场所	参考平面及其高度	照度标准值（lx）	UGR	U_0	R_a
普通办公室	0.75m 水平面	300	19	0.60	80
高档办公室	0.75m 水平面	500	19	0.60	80
会议室	0.75m 水平面	300	19	0.60	80
视频会议室	0.75m 水平面	750	19	0.60	80
接待室、前台	0.75m 水平面	200	—	0.40	80
服务大厅、营业厅	0.75m 水平面	300	22	0.40	80
设计室	实际工作面	500	19	0.60	80
文件整理、复印、发行室	0.75m 水平面	300	—	0.40	80
资料、档案存放室	0.75m 水平面	200	—	0.40	80

注：此表适用于所有类型建筑的办公室和类似用途场所的照明。

第 2 款主要是照明产品光生物安全。国家标准《灯和灯系统的光生物安全性》GB/T 20145－2006 根据光辐射对人的光生物损伤将灯具分为四类，如表 5-5 所示。对于照明产品的光生物安全性的评价应在实验室条件下进行，具体以产品检测报告作为评价依据。

表 5-5 光生物安全等级划分

分级	符号	描述
无危险类	RG0	灯对于本标准在极限条件下也不造成任何光生物危害
1 类危险（低危险）	RG1	对曝光正常条件限定下，灯不产生危害
2 类危险（中度危险）	RG2	灯不产生对强光和温度的不适反应的危害
3 类危险（高危险）	RG3	灯在更短瞬间造成危害

人员长期停留场所的照明应选择安全组别为无危险类的产品。

《灯和灯系统的光生物安全性》GB/T 20145－2006

6.1.1 无危险类

无危险类的科学基础是灯对于本标准在极限条件下也不造成任何光生物危害，满足此要求的灯应是这样的：

在8小时（30000s）曝辐中不造成光化学紫外危害（E_s），并且

在1000s（约16min）内不造成近紫外危害（E_{uva}），并且

在10000s（约2.8h）内不造成对视网膜蓝光危害（L_B），并且

在10s内不造成对视网膜热危害（L_R），并且

在1000s内不造成对眼睛的红外辐射危害（E_{IR}）。

这样的灯属于无危险类。

第3款主要是照明频闪。照明频闪的评价以产品实验室评价为主，具体需提供照明产品的频闪测试报告。照明频闪的限值执行国家标准《LED室内照明应用技术要求》GB/T 31831－2015规定。

《LED室内照明应用技术要求》GB/T 31831－2015

6.1.4 用于人员长期工作或停留场所的一般照明的LED光源和LED灯具，其光输出波形的波动深度应符合表12的规定。波动深度应按式（2）计算。

表12 波动深度要求

波动频率 f	波动深度 FPF 限值（%）
$f \leqslant 9\text{Hz}$	$FPF \leqslant 0.288$
$9\text{Hz} < f \leqslant 3125\text{Hz}$	$FPF \leqslant f \times 0.08/2.5$
$f > 3125\text{Hz}$	无限制

$$FPF = 100\% \times (A-B) / (A+B) \quad (2)$$

式中：

A——在一个波动周期内光输出的最大值；

B——在一个波动周期内光输出的最小值。

【具体评价方式】

本条适用于各类民用建筑的预评价、评价。

预评价查阅建筑照明设计文件、照明计算书。

评价查阅预评价涉及内容的竣工文件，还查阅照明计算书、现场检测报告、产品说明书及产品检测报告（包括灯具光度、色度、光生物安全及频闪等指标）。

5.1.6 应采取措施保障室内热环境。采用集中供暖空调系统的建筑，房间内的温度、湿度、新风量等设计参数应符合现行国家标准《民用建筑供暖通风与空气调节设计规范》GB 50736的有关规定；采用非集中供暖空调系统的建筑，应具有保障室内热环境的措施或预留条件。

【条文说明扩展】

对于集中供暖空调系统的建筑，房间内的温度、湿度、新风量等设计参数应符合国家标准《民用建筑供暖通风与空气调节设计规范》GB 50736－2012 的规定。

国家标准《民用建筑供暖通风与空气调节设计规范》GB 50736－2012

3.0.1 供暖室内设计温度应符合下列规定：

1 严寒和寒冷地区主要房间应采用 18℃～24℃；

2 夏热冬冷地区主要房间宜采用 16℃～22℃；

3 设置值班供暖房间不应低于 5℃。

3.0.2 舒适性空调室内设计参数应符合以下规定：

1 人员长期逗留区域空调室内设计参数应符合表 3.0.2 的规定：

表 3.0.2 人员长期逗留区域空调室内设计参数

类别	热舒适等级	温度（℃）	相对湿度（%）	风速（m/s）
供热工况	Ⅰ级	22～24	≥30	≤0.2
	Ⅱ级	18～22	—	≤0.2
供冷工况	Ⅰ级	24～26	40～60	≤0.25
	Ⅱ级	26～28	≤70	≤0.3

注：1 Ⅰ级热舒适度较高，Ⅱ级热舒适度一般；

2 热舒适度等级划分按本规范第 3.0.4 条确定。

2 人员短期逗留区域空调供冷工况室内设计参数宜比长期逗留区域提高 1℃～2℃，供热工况宜降低 1℃～2℃。短期逗留区域供冷工况风速不宜大于 0.5m/s，供热工况风速不宜大于 0.3m/s。

3.0.5 辐射供暖室内设计温度宜降低 2℃；辐射供冷室内设计温度宜提高 0.5℃～1.5℃。

3.0.6 设计最小新风量应符合下列规定：

1 公共建筑主要房间每人所需最小新风量应符合表 3.0.6-1 规定。

表 3.0.6-1 公共建筑主要房间每人所需最小新风量［m^3/（h·人）］

建筑房间类型	新风量
办公室	30
客房	30
大堂、四季厅	10

2 设置新风系统的居住建筑和医院建筑，所需最小新风量宜按换气次数法确定。居住建筑换气次数宜符合表 3.0.6-2 规定，医院建筑换气次数宜符合表 3.0.6-3 规定。

表 3.0.6-2 居住建筑设计最小换气次数

人均居住面积 F_P	每小时换气次数
$F_P \leqslant 10m^2$	0.70
$10m^2 < F_P \leqslant 20m^2$	0.60
$20\ m^2 < F_P \leqslant 50\ m^2$	0.50
$F_P > 50\ m^2$	0.45

表 3.0.6-3 医院建筑设计最小换气次数

功能房间	每小时换气次数
门诊室	2
急诊室	2
配药室	5
放射室	2
病房	2

3 高密人群建筑每人所需最小新风量应按人员密度确定，且应符合表 3.0.6-4 规定。

表 3.0.6-4 高密人群建筑每人所需最小新风量［m^3/（h·人）］

建筑类型	人员密度 P_F（人/m^2）		
	$P_F \leqslant 0.4$	$0.4 < P_F \leqslant 1.0$	$P_F > 1.0$
影剧院、音乐厅、大会厅、多功能厅、会议室	14	12	11
商店、超市	19	16	15
博物馆、展览馆	19	16	15
公共交通等候室	19	16	15
歌厅	23	20	19
酒吧、咖啡厅、宴会厅、餐厅	30	25	23
游艺厅、保龄球房	30	25	23
体育馆	19	16	15
健身房	40	38	37
教室	28	24	22
图书馆	20	17	16
幼儿园	30	25	23

集中供暖空调系统的建筑室内热环境检测应满足以下要求：

（1）室内温湿度检测应包含每栋建筑各主要功能房间，应选取具有代表性的典型房间进行检测；对公共建筑检测的房间数量不少于主要功能房间总数的 2%，且每类房间抽样数量不少于 3 间；对住宅建筑和宿舍建筑检测的户数不少于总户数的 2%，且每个单体建筑不少于 3 户。

（2）室内热环境检测应分别在供暖期间和供冷期间进行测量。

（3）测试参数应包括但不限于空气干球温度、空气相对湿度。

集中供暖空调系统的建筑室内二氧化碳浓度应符合现行国家标准《室内空气质量标准》GB/T 18883 的相关要求，即空调使用期间室内二氧化碳日平均值应不大于 0.1%。室内二氧化碳浓度检测应满足以下要求：

（1）检测方法应符合国家标准《室内空气质量标准》GB/T 18883－2002 附录 A 室内空气监测技术导则的要求。

（2）检验方法宜采用国家标准《公共场所卫生检验方法　第2部分：化学污染物》GB/T 18204.2－2014中的第一法 不分光红外线气体分析法。

（3）室内二氧化碳浓度检测应包含每栋建筑各主要功能房间，应选取具有代表性的典型房间进行检测；对公共建筑检测的房间数量不少于主要功能房间总数的2%，且每类房间抽样数量不少于3间；对住宅建筑和宿舍建筑检测的户数不少于总户数的2%，且每个单体建筑不少于3户。

对于非集中供暖空调系统的建筑，应有保障室内热环境的措施或预留条件，如分体空调安装条件等。

【具体评价方式】

本条适用于各类民用建筑的预评价、评价。

预评价查阅暖通空调专业设计说明、暖通设计计算书等设计文件。

评价查阅预评价涉及内容的竣工文件，还查阅典型房间空调使用期间室内温湿度检测报告和二氧化碳浓度检测报告。

5.1.7　围护结构热工性能应符合下列规定：

1　在室内设计温、湿度条件下，建筑非透光围护结构内表面不得结露；

2　供暖建筑的屋面、外墙内部不应产生冷凝；

3　屋顶和外墙隔热性能应满足现行国家标准《民用建筑热工设计规范》GB 50176的要求。

【条文说明扩展】

第1款主要是控制冬季内表面结露。对建筑非透光围护结构进行结露验算，应符合国家标准《民用建筑热工设计规范》GB 50176－2016规定。

> 国家标准《民用建筑热工设计规范》GB 50176－2016
>
> 7.2.1　冬季室外计算温度 t_e 低于0.9℃时，应对围护结构进行内表面结露验算。
>
> 7.2.2　围护结构平壁部分的内表面温度应按本规范第3.4.16条计算。热桥部分的内表面温度应采用符合本规范附录第C.2.4条规定的软件计算，或通过其他符合本规范附录第C.2.5条规定的二维或三维稳态传热软件计算得到。
>
> 7.2.3　当围护结构内表面温度低于空气露点温度时，应采取保温措施，并应重新复核围护结构内表面温度。

第2款主要是控制供暖期间建筑屋面、外墙内部冷凝。对供暖建筑的屋面、外墙内部进行冷凝验算，应符合国家标准《民用建筑热工设计规范》GB 50176－2016规定：

> 国家标准《民用建筑热工设计规范》GB 50176－2016
>
> 7.1.3　围护结构内任一层内界面的水蒸气分压分布曲线不应与该界面饱和水蒸气分压曲线相交。围护结构内任一层内界面饱和水蒸气分压 P_s，应按本规范表B.8的规定确定。任一层内界面的水蒸气分压 P_m 应按下式计算：

$$P_m = P_i - \frac{\sum_{j=1}^{m-1} H_j}{H_0}(P_i - P_e) \tag{7.1.3}$$

式中：P_m——任一层内界面的水蒸气分压（Pa）；

P_i——室内空气水蒸气分压（Pa），应按本规范第3.3.1条规定的室内温度和相对湿度计算确定；

H_0——围护结构的总蒸汽渗透阻（$m^2 \cdot h \cdot Pa/g$），应按本规范第3.4.15条的规定计算；

$\sum_{j=1}^{m-1} H_j$——从室内一侧算起，由第一层到第 m—1层的蒸汽渗透阻之和（$m^2 \cdot h \cdot Pa/g$）；

P_e——室外空气水蒸气分压（Pa），应按本规范附录表A.0.1中的采暖期室外平均温度和平均相对湿度确定。

7.1.4 当围护结构内部可能发生冷凝时，冷凝计算界面内侧所需的蒸汽渗透阻应按下式计算：

$$H_{0,i} = \frac{P_i - P_{S,C}}{\frac{10\rho_0\delta_i[\Delta w]}{24Z} + \frac{P_{S,C} - P_e}{H_{0,e}}} \tag{7.1.4}$$

式中：$H_{0,i}$——冷凝计算界面内侧所需的蒸汽渗透阻（$m^2 \cdot h \cdot Pa/g$）；

$H_{0,e}$——冷凝计算界面至围护结构外表面之间的蒸汽渗透阻（$m^2 \cdot h \cdot Pa/g$）；

ρ_0——保温材料的干密度（kg/m^3）；

δ_i——保温材料厚度（m）；

$[\Delta w]$——保温材料重量湿度的允许增量（%），应按本规范表7.1.2的规定取值；

Z——采暖期天数，应按本规范附录A表A.0.1的规定取值；

$P_{S,C}$——冷凝计算界面处与界面温度 θ_c 对应的饱和水蒸气分压（Pa）。

7.1.5 围护结构冷凝计算界面温度应按下式计算：

$$\theta_c = t_i - \frac{t_i - \overline{t_e}}{R_0}(R_i + R_{c\cdot i}) \tag{7.1.5}$$

式中：θ_c——冷凝计算界面温度（℃）；

t_i——室内计算温度（℃），应按本规范第3.3.1条的规定取值；

$\overline{t_e}$——采暖期室外平均温度（℃），应按本规范附录表A.0.1的规定取值；

R_i——内表面换热阻（$m^2 \cdot K/W$），应按本规范附录第B.4节的规定取值；

$R_{c\cdot i}$——冷凝计算界面至围护结构内表面之间的热阻（$m^2 \cdot K/W$）；

R_0——围护结构传热阻（$m^2 \cdot K/W$）。

7.1.6 围护结构冷凝计算界面的位置，应取保温层与外侧密实材料层的交界处（图7.1.6）。

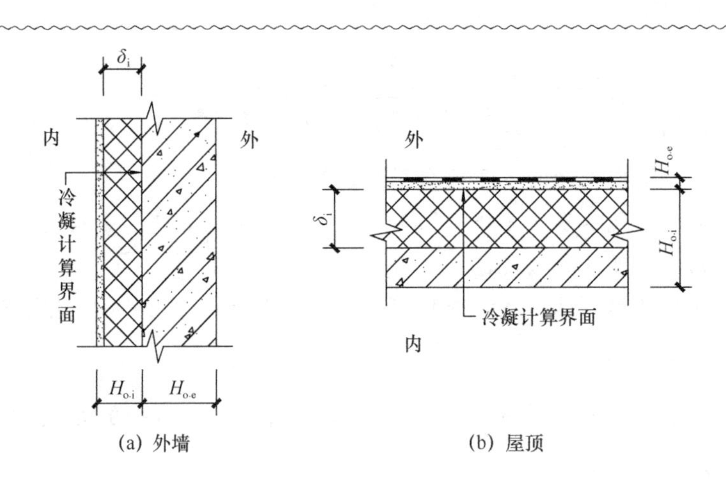

图 7.1.6 冷凝计算界面

7.1.7 对于不设通风口的坡屋面，其顶棚部分的蒸汽渗透阻应符合下式要求：

$$H_{0\cdot c} > 1.2(P_i - P_e) \quad (7.1.7)$$

式中：$H_{0\cdot c}$——顶棚部分的蒸汽渗透阻（$m^2 \cdot h \cdot Pa/g$）。

第 3 款主要是要求夏季屋顶和外墙隔热性能。外墙、屋顶在给定两侧空气温度及变化规律的情况下，内表面最高温度应符合国家标准《民用建筑热工设计规范》GB 50176－2016 规定。

国家标准《民用建筑热工设计规范》GB 50176－2016

6.1.1 在给定两侧空气温度及变化规律的情况下，外墙内表面最高温度应符合表 6.1.1 的规定。

表 6.1.1 在给定两侧空气温度及变化规律的情况下，外墙内表面最高温度限值

房间类型	自然通风房间	空调房间	
		重质围护结构（$D \geq 2.5$）	轻质围护结构（$D < 2.5$）
内表面最高温度 $\theta_{i,max}$	$\leq t_{e,max}$	$\leq t_i + 2$	$\leq t_i + 3$

6.2.1 在给定两侧空气温度及变化规律的情况下，屋面内表面最高温度应符合表 6.2.1 的规定。

表 6.2.1 在给定两侧空气温度及变化规律的情况下，屋面内表面最高温度限值

房间类型	自然通风房间	空调房间	
		重质围护结构（$D \geq 2.5$）	轻质围护结构（$D < 2.5$）
内表面最高温度 $\theta_{i,max}$	$\leq t_{e,max}$	$\leq t_i + 2.5$	$\leq t_i + 3.5$

【具体评价方式】

本条适用于各类民用建筑的预评价、评价。温和地区和夏热冬暖地区项目，或项目没有供暖需求，本条不考察第1、2款。目前，寒冷地区多采用外墙外保温系统，夏热冬冷地区多采用外墙外保温或外墙内外复合保温系统，如完全按照地方明确的节能构造图集进行设计，本条不再考察第3款。

预评价查阅建筑施工图设计说明、节点大样图、节能计算书等设计文件、建筑围护结构结露验算计算书、建筑围护结构内部冷凝验算计算书、建筑围护结构隔热性能计算书。

评价查阅预评价涉及内容的竣工文件，建筑围护结构结露验算计算书、建筑围护结构内部冷凝验算计算书、建筑围护结构隔热性能计算书，重点审核建筑构造与计算报告的一致性。

5.1.8 主要功能房间应具有现场独立控制的热环境调节装置。

【条文说明扩展】

对于采用集中供暖空调系统的建筑，应根据房间、区域的功能和所采用的系统形式，合理设置可现场独立调节的热环境调节装置。末端设有独立开启装置，温度、风速可独立调节，或系统具有满足主要功能房间不同热环境需求的调节装置或功能，则认为是可现场独立控制的热环境调节装置。

对于未采用集中供暖空调系统的建筑，应合理设计建筑热环境营造方案，具备满足个性化热舒适需求的可独立控制的热环境调节装置或功能。可独立控制的热环境调节装置包括多联机、分体空调、吊扇等个性化舒适装置等。

《公共建筑节能设计标准》GB 50189－2015

4.5.6 供暖空调系统应设置室温调控装置；散热器及辐射供暖系统应安装自动温度控制阀。

《严寒和寒冷地区居住建筑节能设计标准》JGJ 26－2018

5.1.10 供暖空调系统应设置自动室温调控装置。

《夏热冬冷地区居住建筑节能设计标准》JGJ 134－2010

6.0.2 当居住建筑采用集中采暖、空调系统时，必须设置分室（户）温度调节、控制装置及分户热（冷）量计量或分摊设施。

《夏热冬暖地区居住建筑节能设计标准》JGJ 75－2012

6.0.2 采用集中式空调（采暖）方式或户式（单元式）中央空调的住宅应进行逐时逐项冷负荷计算；采用集中式空调（采暖）方式的居住建筑，应设置分室（户）温度控制及分户冷（热）量计量设施。

《温和地区居住建筑节能设计标准》JGJ 475－2019

6.0.3 当居住建筑采用集中供暖系统时，每个独立调节房间均应设置室温调控装置，并宜采用自动温度控制阀。

【具体评价方式】

本条适用于各类民用建筑的预评价、评价。

预评价查阅暖通空调设计文件，文件应注明主要功能房间的末端形式，应对末端形式和主要功能房间的调节方式做详细说明。

评价查阅预评价涉及内容的竣工文件，还查阅产品说明书和合格证书。

5.1.9 地下车库应设置与排风设备联动的一氧化碳浓度监测装置。

【条文说明扩展】

地下车库设置与排风设备联动的一氧化碳检测装置，超过一定的量值时即报警并启动排风系统。一个防火分区至少设置一个一氧化碳检测点并与通风系统联动。所设定的量值可参考现行国家标准《工作场所有害因素职业接触限值　第1部分：化学有害因素》GBZ 2.1等相关标准的规定。

其中，《工作场所有害因素职业接触限值　第1部分：化学有害因素》GBZ 2.1－2019对非高原地区工作场所空气中的一氧化碳职业接触限值规定为：时间加权平均容许浓度不高于20mg/m^3；短时间接触容许浓度不高于30mg/m^3。

【具体评价方式】

本条适用于各类民用建筑的预评价、评价。不设地下车库的项目，本条直接通过。

预评价查阅暖通空调、智能化等专业设计说明、施工图等设计文件。

评价查阅预评价涉及内容的竣工文件。投入使用的项目，尚应查阅物业单位提供的运行记录等。

5

5.2 评分项

Ⅰ 室内空气品质

5.2.1 控制室内主要空气污染物的浓度，评价总分值为12分，并按下列规则分别评分并累计：

1 氨、甲醛、苯、总挥发性有机物、氡等污染物浓度低于现行国家标准《室内空气质量标准》GB/T 18883规定限值的10%，得3分；低于20%，得6分；

2 室内$PM_{2.5}$年均浓度不高于25μg/m^3，且室内PM_{10}年均浓度不高于50μg/m^3，得6分。

【条文说明扩展】

第1款，在本标准第5.1.1条基础上对室内空气污染物的浓度提出了更高的要求，即要求氨、甲醛、苯、总挥发性有机物、氡等污染物浓度低于现行国家标准《室内空气质量标准》GB/T 18883规定限值10%或20%，具体技术要求可见本细则第5.1.1条内容。以甲醛为例，国家标准《室内空气质量标准》GB/T 18883－2002规定限值为0.10mg/m^3，本条要求低于其10%、20%，即分别低于0.09mg/m^3、0.08mg/m^3。

第2款，对颗粒污染物浓度限值进行了规定。不同建筑类型室内颗粒物控制的共性措施为：①增强建筑围护结构气密性能，降低室外颗粒物向室内的穿透。②对于厨房等颗粒物散发源空间设置可关闭的门。③对具有集中通风空调系统的建筑，应对通风系统及空气净化装置进行合理设计和选型，并使室内具有一定的正压。对于无集中通风空调的建筑，可采用空气净化器或户式新风系统控制室内颗粒物浓度。

第2款预评价时，全装修项目可通过建筑设计因素（门窗渗透风量、新风量、净化设备效率、室内源等）及室外颗粒物水平（建筑所在地近1年环境大气监测数据），对建筑内部颗粒物浓度进行估算，预评价的计算方法可参考现行行业标准《公共建筑室内空气质量控制设计标准》JGJ/T 461中室内空气质量设计计算的相关规定。第2款评价时，建筑内应具有颗粒物浓度监测传感设备，至少每小时对建筑内颗粒物浓度进行一次记录、存储，连续监测一年后取算术平均值，并出具报告。对于住宅建筑和宿舍建筑，应对每种户型主要功能房间进行全年监测；对于公共建筑，应每层选取一个主要功能房间进行全年监测。对于尚未投入使用或投入使用未满一年的项目，应对室内$PM_{2.5}$和PM_{10}的年平均浓度进行预评估。

【具体评价方式】

本条适用于各类民用建筑的预评价、评价。本条第1款预评价时，可仅对室内空气中的甲醛、苯、总挥发性有机物3类进行浓度预评估；除此之外，均统一按本条要求执行。

预评价查阅建筑设计文件，通风及净化系统设计文件、建筑及装修材料设计说明（种类、用量），污染物浓度预评估分析报告。

评价查阅预评价涉及内容的竣工文件、建筑及装修材料设计说明（种类、用量）、污染物浓度预评估分析报告，室内空气质量现场检测报告，$PM_{2.5}$和PM_{10}浓度计算报告（附原始监测数据）。

5.2.2 选用的装饰装修材料满足国家现行绿色产品评价标准中对有害物质限量的要求，评价总分值为8分。选用满足要求的装饰装修材料达到3类及以上，得5分；达到5类及以上，得8分。

【条文说明扩展】

我国发布了系列绿色产品评价国家标准，包括《绿色产品评价 人造板和木质地板》GB/T 35601、《绿色产品评价 涂料》GB/T 35602、《绿色产品评价 防水与密封材料》GB/T 35609、《绿色产品评价 陶瓷砖（板）》GB/T 35610、《绿色产品评价 纸和纸制品》GB/T 35613等，其中对产品中有害物质种类及限量进行了严格、明确的规定。

【具体评价方式】

本条适用于各类民用建筑的预评价、评价。

预评价查阅内装施工图、材料预算清单、相关设计说明等绿色产品使用的相关设计文件。

评价查阅预评价涉及内容的竣工文件、相关说明、绿色产品认证证书等。

Ⅱ 水 质

5.2.3 直饮水、集中生活热水、游泳池水、采暖空调系统用水、景观水体等的水质满足国家现行相关标准的要求，评价分值为 8 分。

【条文说明扩展】

直饮水是以符合现行国家标准《生活饮用水卫生标准》GB 5749 水质标准的自来水或水源为原水，经再净化（深度处理）后供给用户直接饮用的高品质饮用水。直饮水系统分为集中供水的管道直饮水系统和分散供水的终端直饮水处理设备。管道直饮水系统供水水质应符合现行行业标准《饮用净水水质标准》CJ 94 的要求，该标准规定了管道直饮水系统水质标准，主要包含感官性状、一般化学指标、毒理学指标和细菌学指标等项目。终端直饮水处理设备的出水水质标准可参考现行行业标准《饮用净水水质标准》CJ 94、《全自动连续微/超滤净水装置》HG/T 4111 等现行饮用净水相关水质标准和设备标准。

以符合现行国家标准《生活饮用水卫生标准》GB 5749 要求的自来水或水源为原水的集中生活热水，其水质还应符合现行行业标准《生活热水水质标准》CJ/T 521 的要求。

游泳池循环水处理系统水质应满足现行行业标准《游泳池水质标准》CJ 244 的要求，该标准在游泳池原水和补水水质指标、水质检验等方面做出了规定。

采暖空调循环水系统水质应满足现行国家标准《采暖空调系统水质》GB/T 29044 的要求，该标准规定了采暖空调系统的水质标准、水质检测频次及检测方法。

国家标准《民用建筑节水设计标准》GB 50555－2010 规定景观用水水源不得采用市政自来水和地下井水，可采用中水、雨水等非传统水源或地表水。景观水体的水质根据水景功能性质不同，不低于现行国家标准的相关要求，详见表 5-6。

表 5-6 景观水体水质标准

<table>
<tr><td colspan="2">人体与水的接触程度和水景功能</td><td>非直接接触、观赏性</td><td>非全身接触、娱乐性</td><td>全身接触、娱乐性</td><td>细雾等微孔喷头、室内水景</td></tr>
<tr><td rowspan="3">适用标准</td><td>充水和补水水质</td><td colspan="2">《城市污水再生利用　景观环境用水水质》GB/T 18921</td><td>《生活饮用水卫生标准》GB 5749</td><td rowspan="3">《生活饮用水卫生标准》GB 5749</td></tr>
<tr><td rowspan="2">水体水质</td><td colspan="2">《地表水环境质量标准》GB 3838 中的 pH 值、溶解氧、粪大肠菌群指标，且透明度≥30cm</td><td rowspan="2">《游泳池水质标准》CJ 244</td></tr>
<tr><td>Ⅴ类</td><td>Ⅳ类</td></tr>
</table>

注：1 表中“非直接接触”指人身体不直接与水接触，仅在景观水体外观赏。
2 “非全身接触”指人部分身体可能与水接触，如涉水、划船等娱乐行为。
3 “全身接触”指人可能全身浸入水中进行嬉水、游泳等活动，如旱喷泉、嬉水喷泉等。
4 水深不足 30cm 时，透明度不小于最大水深。

非传统水源供水系统水质，应根据用水用途满足国家现行标准城市污水再生利用系列标准，如现行国家标准《城市污水再生利用　城市杂用水水质》GB/T 18920、《城市污水再生利用　绿地灌溉水质》GB/T 25499、《城市污水再生利用　景观环境用水水质》GB/T 18921 等的要求。设有模块化户内中水集成系统的项目，户内中水水质应满足现行行业标准《模块化户内中水集成系统技术规程》JGJ/T 409 的要求。

【具体评价方式】

本条适用于各类民用建筑的预评价、评价。当项目中除生活饮用水供水系统外，未设置其他供水系统时，本条可直接得分（生活饮用水水质已在控制项第 5.1.3 条要求）。

预评价查阅包含各类用水水质要求的给水排水施工图设计说明、水处理设备工艺设计图等设计文件，市政供水的水质检测报告（可使用同一水源邻近项目一年以内的水质检测报告代替）。

评价查阅预评价涉及内容的竣工文件。已投入使用的项目，尚应查阅各类用水的水质检测报告，报告取样点至少应包含水源（市政供水、自备井水等）、水处理设施出水及最不利用水点。

5.2.4 生活饮用水水池、水箱等储水设施采取措施满足卫生要求，评价总分值为9分，并按下列规则分别评分并累计：

1 使用符合国家现行有关标准要求的成品水箱，得4分；

2 采取保证储水不变质的措施，得5分。

【条文说明扩展】

第1款，国家现行标准《二次供水设施卫生规范》GB 17051和《二次供水工程技术规程》CJJ 140规定了建筑二次供水设施的卫生要求和水质检测方法，建筑二次供水设施的设计、生产、加工、施工、使用和管理均应符合以上规范。使用符合国家现行标准《二次供水设施卫生规范》GB 17051和《二次供水工程技术规程》CJJ 140要求的成品水箱，能够有效避免现场加工过程中的污染问题，且在安全生产、品质控制、减少误差等方面均较现场加工更有优势。

第2款，常用的避免储水变质的主要技术措施包括：

（1）储水设施分格。储水设施宜分成容积基本相等的2格，清洗时可以不停止供水，有利于建筑运行期间的储水设施清洗工作的开展。对储水设施进行定期清洗，能够有效避免设施内滋生蚊虫、生长青苔、沉积废渣等水质污染状况的发生。

（2）储水设施的体形选择及进出水管设置应保证水流通畅、避免“死水区”。“死水区”即水流动较少或静止的区域，由于死水区的水长期处于静止状态，缺乏补氧，容易滋生细菌和微生物，进而导致水质恶化。储水设施体形应规则，进出水管在设施远端两头分别设置（必要时可设置导流装置），能够在最大限度上避免水流迂回和短路，避免“死水区”的产生。

（3）储水设施的检查口（人孔）应加锁，溢流管、通气管口应采取防止生物进入的措施。避免非管理人员、灰尘携带致病微生物、蛇虫鼠蚁等进入水箱并污染储水。

【具体评价方式】

本条适用于各类民用建筑的预评价、评价。如项目未设置生活饮用水储水设施，本条可直接得分。

预评价查阅包含生活饮用水储水设施设置情况的给水排水施工图设计说明、生活饮用水储水设施详图、设备材料表等设计文件。

评价查阅预评价涉及内容的竣工文件，还查阅生活饮用水储水设施设备材料采购清单或进场记录，成品水箱产品说明书。

5.2.5 所有给水排水管道、设备、设施设置明确、清晰的永久性标识，评价分值为8分。

【条文说明扩展】

建筑内给水排水管道及设备的标识设置可参考现行国家标准《工业管道的基本识别色、识别符号和安全标识》GB 7231、《建筑给水排水及采暖工程施工质量验收规范》GB 50242中的相关要求。如：在管道上设色环标识，二个标识之间的最小距离不应大于10m，所有管道的起点、终点、交叉点、转弯处、阀门和穿墙孔两侧等的管道上和其他需要标识的部位均应设置标识，标识由系统名称、流向等组成，设置的标识字体、大小、颜色应方便辨识，且标识的材质应符合耐久性要求，避免标识随时间褪色、剥落、损坏。

【具体评价方式】

本条适用于各类民用建筑的预评价、评价。

预评价查阅给水排水施工图设计说明，说明中包含给水排水各类管道、设备、设施标识的设置说明。

评价查阅预评价涉及内容的竣工文件，重点审核给水排水各类管道、设备、设施标识的落实情况。

Ⅲ 声环境与光环境

5.2.6 采取措施优化主要功能房间的室内声环境，评价总分值为8分。噪声级达到现行国家标准《民用建筑隔声设计规范》GB 50118中的低限标准限值和高要求标准限值的平均值，得4分；达到高要求标准限值，得8分。

【条文说明扩展】

本条要求采取减少噪声干扰的措施进一步优化主要功能房间的室内声环境，包括优化建筑平面、空间布局，没有明显的噪声干扰；设备层、机房采取合理的隔振和降噪措施；采用同层排水或其他降低排水噪声的有效措施等。

本条在本标准第5.1.4条第1款基础上对室内噪声级提出了更高的要求，具体可见本细则第5.1.4条内容。

学校建筑主要功能房间的噪声级低限标准限值按现行国家标准《民用建筑隔声设计规范》GB 50118中的规定值选取，高要求标准限值在此基础上降低5dB（A）；对于旅馆建筑，《民用建筑隔声设计规范》GB 50118室内噪声级限值有三级，二级为低限标准，特级为高要求标准。

对于某些房间，由于受到诸多客观条件限制，比如房间内设备运行噪声无法降低等，不宜对该类房间提出高要求标准限值，在表5-1中此类房间的高标准要求用“—”标注，评分项评价时可不考虑此类房间。

低限标准限值和高要求标准限值的平均值按四舍五入取整。

【具体评价方式】

本条适用于各类民用建筑的预评价、评价。

具体评价方式同第5.1.4条第1款。

5.2.7 主要功能房间的隔声性能良好，评价总分值为10分，并按下列规则分别评分并累计：

1 构件及相邻房间之间的空气声隔声性能达到现行国家标准《民用建筑隔声设计规范》GB 50118中的低限标准限值和高要求标准限值的平均值，得3分；达到高要求标准限值，得5分；

2 楼板的撞击声隔声性能达到现行国家标准《民用建筑隔声设计规范》GB 50118中的低限标准限值和高要求标准限值的平均值，得3分；达到高要求标准限值，得5分。

【条文说明扩展】

在预评价阶段，评价主要建筑构件的空气声隔声性能和撞击声隔声性能。根据国家标准《民用建筑隔声设计规范》GB 50118－2010的规定，汇总各类主要建筑构件的隔声性能低限要求见表5-2、表5-3。主要建筑构件空气声隔声性能高要求标准限值为低限标准限值提高5dB。楼板撞击声隔声性能高要求标准限值除商业建筑外，均为低限标准限值降低10dB，商业建筑楼板击声隔声性能高要求标准限值为低限标准限值降低5dB。对于医院建筑，病房的门通常无法设置门槛，而且在门上还设置有观察窗，其空气声隔声性能不规定高要求标准限值。对于有些无明确隔声要求的空间，相应条款可直接得分，如单层建筑的撞击声隔声性能，本条第2款可直接得5分。

在评价阶段，应评价现场实际检测的房间之间的空气声隔声性能和现场实际检测的楼板撞击声隔声性能。根据国家标准《民用建筑隔声设计规范》GB 50118－2010的规定，汇总各类相邻房间之间的空气声隔声性能要求见表5-7，汇总各类主要房间楼板现场测得的楼板撞击声隔声性能要求见表5-8。对于住宅建筑，《民用建筑隔声设计规范》GB 50118－2010未规定现场检测的室外与卧室之间的隔声性能，仅规定外窗和外墙实验室测得的隔声性能，为了评价阶段的易于实施，按本标准第3.2.8条要求汇总了室外与卧室之间隔声性能要求；对于学校建筑，国家标准《民用建筑隔声设计规范》GB 50118－2010的隔声标准只有一个级别，该级别为低限要求。空气隔声性能的高要求标准限值为低限标准限值提高5dB。撞击声隔声性能高要求标准限值为低限标准限值降低10dB。对于旅馆建筑，国家标准《民用建筑隔声设计规范》GB 50118－2010的隔声标准有三级，一级为低限标准，特级为高要求标准。现场隔声性能检测方法应依据现行国家标准《声学 建筑和建筑构件隔声测量 第4部分：房间之间空气声隔声的现场测量》GB/T 19889.4、《声学 建筑和建筑构件隔声测量 第5部分：外墙构件和外墙空气声隔声的现场测量》GB/T 19889.5、《声学 建筑和建筑构件隔声测量 第7部分：楼板撞击声隔声的现场测量》GB/T 19889.7、《建筑隔声评价标准》GB/T 50121等标准的相关要求。房间之间空气声隔声性能和楼板撞击声隔声性能现场检测应涵盖每栋建筑的各类主要房间类型，应选取具有代表性的典型房间进行检测，检测的房间数量不少于房间总数的2%，且每个单体建筑中同一功能类型房间的检测数量不应少于3间（若该类房间少于3间，需全检）。

对于某些建筑类型中的部分房间，由于受到诸多客观条件限制，房间之间隔声性能再提高存在诸多困难，且提高此类房间之间隔声性能对提高建筑声品质作用有限，不宜提出高要求标准限值。在表5-7中，此类构件的高标准要求用“—”标注，评价时此类房间只需达到低限要求。

低限标准限值和高要求标准限值的平均值按四舍五入取整。

表 5-7 相邻房间之间空气声隔声标准

建筑类型	构件/房间名称	空气声隔声单值评价量+频谱修正量（dB）		
			低限标准	高要求标准
住宅建筑	卧室、起居室（厅）与邻户房间之间	计权标准化声压级差+粉红噪声频谱修正量 $D_{nT,w}+C$	≥45	≥50
	室外与卧室之间	计权标准化声压级差+交通噪声频谱修正量 $D_{nT,w}+C_{tr}$	≥35	≥40
学校建筑	语音教室、阅览室与相邻房间之间	计权标准化声压级差+粉红噪声频谱修正量 $D_{nT,w}+C$	≥50	—
	普通教室之间		≥45	≥50
医院建筑	病房之间及病房、手术室与普通房间之间	计权标准化声压级差+粉红噪声频谱修正量 $D_{nT,w}+C$	≥45	≥50
	诊室之间		≥40	≥45
旅馆建筑	客房之间	计权标准化声压级差+粉红噪声频谱修正量 $D_{nT,w}+C$	≥45	≥50
	室外与客房	计权标准化声压级差+交通噪声频谱修正量 $D_{nT,w}+C_{tr}$	≥35	≥40
办公建筑	办公室、会议室与普通房间之间	计权标准化声压级差+粉红噪声频谱修正量 $D_{nT,w}+C$	≥45	≥50
商业建筑	健身中心、娱乐场所等与噪声敏感房间之间	计权标准化声压级差+交通噪声频谱修正量 $D_{nT,w}+C_{tr}$	≥55	≥60
	购物中心、餐厅、会展中心等与噪声敏感房间之间		≥45	≥50

表 5-8 楼板撞击声隔声标准（现场测量）

建筑类型	楼板部位	计权标准化撞击声压级 $L'_{nT,w}$（现场测量）	
		低限标准	高要求标准
住宅建筑	卧室、起居室的分户楼板	≤75	≤65
学校建筑	语音教室、阅览室与上层房间之间的楼板	≤65	≤55
	普通教室之间的楼板	≤75	≤65
医院建筑	病房、手术室与上层房间之间的楼板	≤75	≤65
旅馆建筑	客房与上层房间之间的楼板	≤65	≤55
办公建筑	办公室、会议室顶部的楼板	≤75	≤65
商业建筑	健身中心、娱乐场所等与噪声敏感房间之间的楼板	≤50	≤45

【具体评价方式】

本条适用于各类民用建筑的预评价、评价。

预评价查阅建筑设计说明中关于围护结构的构造说明、材料做法表、大样图纸等设计文件，主要构件隔声性能分析报告或主要构件隔声性能的实验室检测报告。

评价查阅预评价涉及内容的竣工文件，还查阅室外与房间之间、房间之间空气声隔声性能、楼板撞击声隔声性能的现场检测报告。

5.2.8 充分利用天然光，评价总分值为 12 分，并按下列规则分别评分并累计：

1 住宅建筑室内主要功能空间至少 60%面积比例区域，其采光照度值不低于 300lx 的小时数平均不少于 8h/d，得 9 分。

2 公共建筑按下列规则分别评分并累计：

1）内区采光系数满足采光要求的面积比例达到 60%，得 3 分；

2）地下空间平均采光系数不小于 0.5%的面积与地下室首层面积的比例达到 10%以上，得 3 分；

3）室内主要功能空间至少 60%面积比例区域的采光照度值不低于采光要求的小时数平均不少于 4h/d，得 3 分。

3 主要功能房间有眩光控制措施，得 3 分。

【条文说明扩展】

第 1 款，住宅建筑的主要功能空间包括卧室、起居室（厅）等。宿舍建筑按本款的要求执行。第 2 款，公共建筑主要功能空间为现行国家标准《建筑采光设计标准》GB 50033 中Ⅱ～Ⅳ级有采光标准值要求的场所，当某场所的视觉活动类型与标准中规定的场所相同或相似且未作规定时，应参照相关场所的采光标准值执行。除对主要采光场所外，对于内区和地下空间等采光难度较大的场所同样推荐增加天然光的利用，对于此类场所，依旧采用采光系数进行评价。评价时，采光要求需要根据场所的视觉活动特点及现行国家标准《建筑采光设计标准》GB 50033 对于不同场所的采光标准值的规定来确定，例如办公建筑场所采光系数标准值见表 4.0.8，其他类型建筑详见现行国家标准《建筑采光设计标准》GB 50033。设计时，可通过计算误差符合要求的软件对此类型场所的采光系数进行计算。本款的内区是针对外区而言的，为简化，一般情况下外区的定义为距离建筑外围护结构 5m 范围内的区域。本款所指采光照度值为平均值。

表 4.0.8 办公建筑的采光标准值

采光等级	场所名称	侧面采光	
		采光系数标准值（%）	室内天然光照度标准值（lx）
Ⅱ	设计室、绘图室	4	600
Ⅲ	办公室、会议室	3	450
Ⅳ	复印室、档案室	2	300

前 2 款中，对于住宅和公共建筑的主要功能房间采用全年中建筑空间各位置满足采光照度要求的时长来进行采光效果评价，也称为动态采光评价，一般采用全年动态采光计算软件进行计算，计算时应采用标准年的光气候数据。对于设计阶段，计算参数按照现行行

业标准《民用建筑绿色性能计算标准》JGJ/T 449 执行（地面反射比 0.3，墙面 0.6，外表面 0.3，顶棚 0.75）；对于运行阶段可按照建筑实际参数进行计算，以获得准确的采光效果计算结果。本款所指采光照度值为平均值。

第 3 款，在充分利用天然光资源的同时，还应采取必要的措施控制不舒适眩光，包括窗帘、百叶、调光玻璃等。建议眩光控制装置能够根据太阳位置的不同进行自动调整，从而确保在限制眩光的过程中也能充分利用天然光带来的照明增益。本款同时要求主要功能房间的最大采光系数和平均采光系数的比值小于 6，改善室内天然采光的均匀度。若无眩光控制措施，或采光均匀度不达标，本款不得分。

《建筑采光设计标准》GB 50033－2013

5.0.2 采光设计时，应采取下列减小窗的不舒适眩光的措施：

1 作业区应减少或避免直射阳光；

2 工作人员的视觉背景不宜为窗口；

3 可采用室内外遮挡设施；

4 窗结构的内表面或窗周围的内墙面，宜采用浅色饰面。

5.0.3 在采光质量要求较高的场所，宜按本标准附录 B 进行窗的不舒适眩光计算，窗的不舒适眩光指数不宜高于表 5.0.3 规定的数值。

表 5.0.3 窗的不舒适眩光指数（*DGI*）

采光等级	眩光指数值 *DGI*
Ⅰ	20
Ⅱ	23
Ⅲ	25
Ⅳ	27
Ⅴ	28

【具体评价方式】

本条适用于各类民用建筑的预评价、评价。

预评价查阅建筑专业设计文件、动态采光计算书、公共建筑主要功能房间内区和地下空间的采光系数计算书。

评价查阅预评价涉及内容的竣工文件，动态采光计算书，公共建筑内区及地下空间采光系数计算书或检测报告。

Ⅳ 室内热湿环境

5.2.9 具有良好的室内热湿环境，评价总分值为 8 分，并按下列规则评分：

1 采用自然通风或复合通风的建筑，建筑主要功能房间室内热环境参数在适应性热舒适区域的时间比例，达到 30%，得 2 分；每再增加 10%，再得 1 分，最高得 8 分。

2 采用人工冷热源的建筑，主要功能房间达到现行国家标准《民用建筑室内热湿环境评价标准》GB/T 50785 规定的室内人工冷热源热湿环境整体评价Ⅱ级的面积比例，达到 60%，得 5 分；每再增加 10%，再得 1 分，最高得 8 分。

【条文说明扩展】

第 1 款，对于采用自然通风或复合通风的建筑，其室内热湿环境的评价，应以建筑物内主要功能房间或区域为对象，以全年建筑运行时间为评价范围，按主要功能房间或区域的面积加权计算满足舒适性热舒适区间的时间百分比进行评分。

建筑主要功能房间室内热环境参数在适应性热舒适区域的时间比例指，主要功能房间室内温度达到适应性舒适温度区间的小时数占建筑全年运行小时数的比例。

适应性热舒适温度区间可根据室外月平均温度进行计算。当室内平均气流速度 $v_a \leqslant$ 0.3m/s 时，舒适温度为图 5-1 中的阴影区间。当室内温度高于 25℃时，允许采用提高气流速度的方式来补偿室内温度的上升，即室内舒适温度上限可进一步提高，提高幅度如表 5-9 所示。若项目设有风扇等个性化送风装置，室内气流平均速度采用个性化送风装置设计风速进行计算；若没有个性化送风装置，室内气流平均速度采用 0.3m/s 以下进行分析计算。

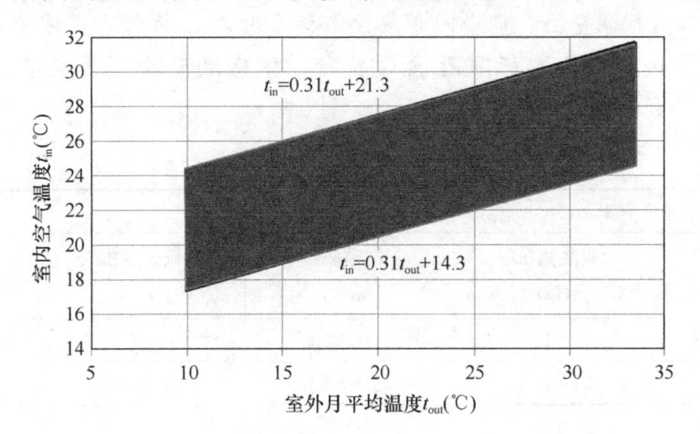

图 5-1 自然通风或复合通风建筑室内舒适温度范围

表 5-9 室内平均气流速度对应的室内舒适温度上限值提高幅度

室内气流平均速度 v_a（m/s）	0.3＜v_a≤0.6	0.6＜v_a≤0.9	0.9＜v_a≤1.2
舒适温度上限提高幅度 Δt（℃）	1.2	1.8	2.2

例如，当室外月平均温度为 20℃，且 $v_a \leqslant$0.3m/s 时，室内舒适温度区间为 20.5℃～27.5℃，若提高室内气流平均速度，且 0.3m/s＜$v_a \leqslant$0.6m/s 时，舒适温度上限可提高 1.2℃，即室内舒适温度区间为 20.5℃～28.7℃，若进一步提高室内气流平均速度，并且 0.6m/s＜$v_a \leqslant$0.9m/s 时，舒适温度上限可提高 1.8℃，即室内舒适温度区间为 20.5℃～29.3℃，若再提高室内气流平均速度 v_a，并且 0.9m/s＜$v_a \leqslant$1.2m/s 时，舒适温度上限可提高 2.2℃，即室内舒适温度区间为 20.5℃～29.7℃。

第 2 款，以建筑物内主要功能房间或区域为对象，以达标面积比例为评价依据。人工冷热源热湿环境整体评价指标应包括预计平均热感觉指标（*PMV*）和预计不满意者的百分数（*PPD*）。其中，*PMV* 和室内空气温度、辐射温度、相对湿度、气流速度、人体代谢率以及人员着装水平有关。*PMV* 和 *PPD* 可利用热舒适计算工具计算，也可参考国家标准《民用建筑室内热湿环境评价标准》GB/T 50785－2012 的相关规定进行计算。人体代谢率和人员着装水平可按照国家标准《民用建筑室内热湿环境评价标准》GB/T 50785－2012 附录 B 和附录 C 查询。例如，对于典型办公室，夏季建议采用“衬裤、短袖衬衫、轻便裤子、薄短袜、鞋”的全套服装，其热阻值为 0.50clo，冬季建议采用“衬内裤、衬衫、长裤、夹克、袜、鞋”的全套服装，其热阻值为 1.0clo。考虑标准办公椅热阻为 0.1clo，则办公室人员夏季和冬季典型套装热阻值分别为 0.6clo 和 1.1clo，对于特殊职业着装的房间，其服装热阻取值按实际设计确定。若人员在办公室的活动状态为静坐阅读，代谢率按照 1.0met 确定；若为打字，按照 1.1met 确定；若为整理文件，按照 1.2met 确定。对于人员活动状态与办公环境不同的，取值按实际设计确定。

国家标准《民用建筑室内热湿环境评价标准》GB/T 50785－2012

4.2.1 对于人工冷热源热湿环境，设计评价的方法应按表 4.2.1 选择，工程评价的方法宜按表 4.2.1 选择。当工程评价不具备按表 4.2.1 执行的条件时，可采用由第三方进行大样本问卷调查法。调查问卷应按本标准附录 A 执行，代谢率应按本标准附录 B 执行，服装热阻应按本标准附录 C 执行，体感温度的计算应按本标准附录 D 执行。

表 4.2.1 人工冷热源热湿环境的评价方法

冬季评价条件		夏季评价条件		评价方法
空气流速 (m/s)	服装热阻 (clo)	空气流速 (m/s)	服装热阻 (clo)	
$v_a \leq 0.20$	$I_{cl} \leq 1.0$	$v_a \leq 0.25$	$I_{cl} \leq 0.5$	计算法或图示法
$v_a > 0.20$	$I_{cl} > 1.0$	$v_a > 0.25$	$I_{cl} > 0.5$	图示法

4.2.3 整体评价指标应包括预计平均热感觉指标（*PMV*）、预计不满意者的百分数（*PPD*），*PMV*—*PPD* 的计算程序应本标准附录 *E* 执行；局部评价指标应包括冷吹风感引起的局部不满意率（LPD_1）、垂直空气温度差引起的局部不满意率（LPD_2）和地板表面温度引起的局部不满意率（LPD_3），局部不满意率的计算应按本标准附录 F 执行。

4.2.4 对于人工冷热源热湿环境的评价等级，整体评价指标应符合表 4.2.4-1 的规定，局部评价指标应符合表 4.2.4-2（略）的规定。

表 4.2.4-1 整体评价指标

等级	整体评价指标	
Ⅰ级	$PPD \leq 10\%$	$-0.5 \leq PMV \leq +0.5$
Ⅱ级	$10\% \leq PPD \leq 25\%$	$-1 \leq PMV < -0.5$ 或 $+0.5 < PMV \leq +1$
Ⅲ级	$PPD > 25\%$	$PMV < -1$ 或 $PMV > +1$

对于公共建筑，要求以标准层为基础，标准层各类房间抽样数量不少于该类功能房间总数的2%，且每类房间抽样数量不少于3间，前厅、接待台类功能间可不少于1间。对于住宅建筑，要求抽样户数不少于总户数的2%，覆盖典型户型，且每个单体建筑不少于3户；同户型住宅，可抽检1户。

当同一建筑有多种功能房间时，应对各种功能房间分别计算达标百分比，然后按照功能房间面积进行加权平均值计算得分。当建筑部分房间采用自然通风或复合通风，部分房间采用人工冷热源时，按照这两款分别评分后进行面积加权平均计算作为本条得分。

【具体评价方式】

本条适用于各类民用建筑的预评价、评价。

预评价，查阅建筑、暖通专业施工图纸及设计说明，第1款还查阅室内温度模拟分析报告、舒适温度预计达标比例分析报告；第2款还查阅PMV、PPD分析报告预计达标比例分析报告。

评价查阅预评价涉及内容的竣工文件，第1款还查阅室内温度模拟分析报告、舒适温度预计达标比例分析报告；第2款还查阅PMV、PPD分析报告预计达标比例计算报告。投入使用满1年的项目，应以基于实测数据的达标比例分析报告替代前述各项预计达标比例计算分析报告，并附相关实测数据。第1款要求的环境数据主要是室内干球温度和气流速度。对于实测数据：室内干球温度实测应进行连续一年的监测，监测数据宜每10min记录一次，最大时间间隔不超过30min，室内气流平均速度采用室内运行典型工况下实测值；对于室外温度，可采用气象数据或实际监测数据，其中，监测数据宜每小时记录一次。第2款要求的环境数据主要是包括室内干球温度、湿度、气流速度和辐射温度，对于计算数据：室内干球温度、湿度、气流速度采用设计值，辐射温度可近似等同于室内干球温度。对于实测数据：室内干球温度和湿度应选择空调季和供暖季典型月份为期至少两周的连续测试，监测数据宜每10min记录一次，最大时间间隔不超过30min；气流速度和辐射温度采用室内运行典型工况下实测值。

5.2.10 优化建筑空间和平面布局，改善自然通风效果，评价总分值为8分，并按下列规则评分：

1 住宅建筑：通风开口面积与房间地板面积的比例在夏热冬暖地区达到12%，在夏热冬冷地区达到8%，在其他地区达到5%，得5分；每再增加2%，再得1分，最高得8分。

2 公共建筑：过渡季典型工况下主要功能房间平均自然通风换气次数不小于2次/h的面积比例达到70%，得5分；每再增加10%，再得1分，最高得8分。

【条文说明扩展】

第1款，对住宅建筑的每个户型主要功能房间的通风开口面积与该房间地板面积的比值进行简化判断。通风开口面积强调门窗用于通风的开启功能。当平开门窗、悬窗、翻转窗的最大开启角度小于45°时，通风开口面积应按外窗可开启面积的1/2计算。宿舍建筑按本款的要求执行。

第2款，若公共建筑有大进深内区，或者由于别的原因不能保证开窗通风面积，使得单纯依靠自然风压与热压不足以实现自然通风，需要进行自然通风优化设计或创新设计，

5

以保证建筑在过渡季典型工况下平均自然通风换气次数大于2次/h。模拟计算公共建筑过渡季典型工况下主要功能房间平均自然通风换气次数，可采用区域网络模拟法或基于CFD的分布参数计算方法，具体计算过程应符合行业标准《民用建筑绿色性能计算标准》JGJ/T 449－2018规定。

《民用建筑绿色性能计算标准》JGJ/T 449－2018

6.2.1 自然通风计算可采用区域网络模拟法或基于CFD的分布参数计算方法，且应符合下列规定：

1 当评估单个计算区域或房间内空气混合均匀时的建筑各区域或房间自然通风效果时，宜采用区域网络模拟方法；

2 当描述单个区域或房间内的自然通风效果时，宜采用CFD分布参数计算方法。

6.2.2 当采用区域网络模拟方法计算自然通风时，计算过程应包括下列内容：

1 建筑通风拓扑路径图，及据此建立的物理模型；

2 通风口阻力模型及参数；

3 通风口压力边界条件；

4 其他边界条件，包括热源、通风条件、时间进度、室内温湿度，以及污染源类型、污染源数量、污染源特性等；

5 模型简化说明。

6.2.3 当采用CFD分布参数计算方法计算自然通风时，宜采用室内外联合模拟法或室外、室内分步模拟法，且应符合下列规定：

1 计算域的确定应符合下列规定：

1）当采用室内外联合模拟方法时，室外模拟计算域应按本标准第4.2节的规定确定；

2）当采用室外、室内分步模拟法时，室外模拟计算域应按本标准第4.2节的规定确定，室内模拟计算域边界应为目标建筑外围护结构。

2 物理模型的构建应符合下列规定：

1）建筑门窗等通风口应根据常见的开闭情况进行建模；

2）建筑门窗等通风口开口面积应按实际的可通风面积设置；

3）建筑室内空间的建模对象应包括室内隔断。

3 网格的优化应符合下列规定：

1）当采用室内外联合模拟的方法时，宜采用多尺度网格，其中室内的网格应能反映所有阻隔通风的室内设施，且网格过渡比不宜大于1.5；

2）当采用室外、室内分步模拟的方法时，室内的网格应能反映所有阻隔通风的室内设施，通风口上宜有9个（3×3）及以上的网格。

4 应根据计算对象的特征和计算目的，选取合适的湍流模型。室外风环境模拟的边界条件应符合本标准第4.2节的规定，室内风环境模拟宜采用标准k—ε模型及其修正模型。

5 当采用室外、室内分步模拟法时，室内模拟的边界条件宜按稳态处理，且应符合下列规定：

1）应通过室外风环境模拟结果获取各个建筑门窗开口的压力均值；

2）当计入热压效应引起的自然通风时，应计入室内热源、围护结构得热等因素的影响，空气密度应符合热环境下的变化规律，且宜采用布辛涅斯克（Boussinesq）假设或不可压理想气体状态方程。

自然通风换气次数模拟报告内容要求详见《民用建筑绿色性能计算标准》JGJ/T 449－2018 附录 A.0.5。

【具体评价方式】

本条适用于各类民用建筑的预评价、评价。

预评价查阅建筑施工图设计说明、平立剖面图、门窗表等设计文件，第 1 款还查阅住宅建筑外窗可开启面积比例计算书；第 2 款还查阅公共建筑室内自然通风模拟分析报告。

评价查阅预评价涉及内容的竣工文件，第 1 款还查阅住宅建筑外窗可开启面积比例计算书；第 2 款还查阅公共建筑室内自然通风模拟分析报告。

5.2.11 设置可调节遮阳设施，改善室内热舒适，评价总分值为 9 分，根据可调节遮阳设施的面积占外窗透明部分的比例按表 5.2.11 的规则评分。

表 5.2.11 可调节遮阳设施的面积占外窗透明部分比例评分规则

可调节遮阳设施的面积占外窗透明部分比例 S_z	得分
$25\% \leqslant S_z < 35\%$	3
$35\% \leqslant S_z < 45\%$	5
$45\% \leqslant S_z < 55\%$	7
$S_z \geqslant 55\%$	9

【条文说明扩展】

本条所述的可调节遮阳设施包括活动外遮阳设施（含电致变色玻璃）、中置可调遮阳设施（中空玻璃夹层可调内遮阳）、固定外遮阳（含建筑自遮阳）加内部高反射率（全波段太阳辐射反射率大于 0.50）可调节遮阳设施、可调内遮阳设施等。本条文涉及的各种遮阳，均为设计图纸上有的遮阳设施，竣工交付时可现场核查。对于条文中没有提及的遮阳方式，可根据建筑各朝向房间具体遮阳效果对遮阳方式修正系数 η 进行折算，但是最低遮阳效果不得低于遮阳方式修正系数最低档对应的可调节遮阳设施效果。

《公共建筑节能设计标准》GB 50189－2015

3.2.5 夏热冬暖、夏热冬冷、温和地区的建筑各朝向外窗（包括透光幕墙）均应采取遮阳措施；寒冷地区的建筑宜采取遮阳措施。当设置外遮阳时应符合下类规定：

1 东西向宜设置活动外遮阳，南向宜设置水平外遮阳；

2 建筑外遮阳装置应兼顾通风及冬季日照。

《严寒和寒冷地区居住建筑节能设计标准》JGJ 26－2018

4.2.4 寒冷B区建筑的南向外窗（包括阳台的透光部分）宜设置水平遮阳。东、西向的外窗宜设置活动遮阳。当设置了展开或关闭后可以全部遮蔽窗户的活动式外遮阳时，应认定满足本标准第4.2.2条对外窗太阳得热系数的要求。

《夏热冬冷地区居住建筑节能设计标准》JGJ 134－2010

4.0.7 东偏北30°至东偏南60°、西偏北30°至西偏南60°范围内的外窗应设置挡板式遮阳或可以遮住窗户正面的活动外遮阳，南向的外窗宜设置水平遮阳或可以遮住窗户正面的活动外遮阳。各朝向的窗户，当设置了可以完全遮住正面的活动外遮阳时，应认为满足本标准表4.0.5-2对外窗的要求。

《夏热冬暖地区居住建筑节能设计标准》JGJ 75－2012

4.0.10 居住建筑的东、西外窗必须采取建筑外遮阳措施，建筑外遮阳系数 *SD* 不应大于0.8。

《温和地区居住建筑节能设计标准》JGJ 475－2019

4.4.5 天窗应设置活动遮阳，宜设置活动外遮阳。

5

本条提出了依据各类遮阳方式修正系数不同来进行评价的计算方法。遮阳设施的面积占外窗透明部分比例 S_z 按下式计算：

$$S_z = S_{z0} \cdot \eta \tag{5-1}$$

式中：η——遮阳方式修正系数。对于活动外遮阳设施，η 为1.2；对于中置可调遮阳设施，η 为1；对于固定外遮阳加内部高反射率可调节遮阳设施，η 为0.8；对于可调内遮阳设施，η 为0.6。

S_{z0}——遮阳设施应用面积比例。活动外遮阳、中置可调遮阳和可调内遮阳设施，可直接取其应用外窗的比例，即装置遮阳设施外窗面积占所有外窗面积的比例；对于固定外遮阳加内部高反射率可调节遮阳设施，按大暑日9：00-17：00之间所有整点时刻其有效遮阳面积比例平均值进行计算，即该期间所有整点时刻其在所有外窗的投影面积占所有外窗面积比例的平均值。

注意：对于按照大暑日9：00-17：00之间整点时刻没有阳光直射的透明围护结构，不计入计算。

【具体评价方式】

本条适用于各类民用建筑的预评价、评价。严寒地区、全年空调度日数（CDD26）值小于10℃·d的寒冷地区及温和地区的建筑，本条可直接得分。

预评价查阅建筑专业设计说明、门窗表、立面图，遮阳装置图纸（遮阳系统详细的控制安装节点图、遮阳系统的平、立面图）等设计文件，遮阳产品说明书，可调节遮阳设施的面积占外窗透明部分比例计算书（应包含可调节遮阳形式说明、控制措施、可调遮阳覆盖率计算过程及结论，并且应对建筑透明围护结构总面积，有太阳直射部分的面积以及采取可调节遮阳措施的面积进行分项统计）。

评价查阅预评价涉及内容的竣工文件，还查阅遮阳装置产品说明书、招标文件、采购合同，可调节遮阳设施的面积占外窗透明部分比例计算书。

6 生 活 便 利

6.1 控 制 项

6.1.1 建筑、室外场地、公共绿地、城市道路相互之间应设置连贯的无障碍步行系统。

【条文说明扩展】

在满足现行国家标准《无障碍设计规范》GB 50763 的基本要求上，本条要求在室外场地设计中，应对室外场地无障碍路线系统进行合理规划，场地内各主要游憩场所、建筑出入口、服务设施及城市道路之间要形成连贯的无障碍步行路线，其路线应保证轮椅无障碍通行要求。

公共绿地为按照现行国家标准《城市居住区规划设计标准》GB 50180 规定，为各级生活圈居住区配建的、可供居民游憩或开展体育活动的公园绿地及街头小广场。对应城市用地分类 G 类用地（绿地与广场用地）中的公园绿地（G1）及广场用地（G3），不包括城市级的大型公园绿地及广场用地，也不包括居住街坊内的绿地。

在无障碍系统设计中，场地中的缘石坡道、无障碍出入口、轮椅坡道、无障碍通道、门、楼梯、台阶、扶手等应满足标准中的无障碍设施设计要求，并合理设置通用的无障碍标志和信息系统。场地内盲道的设置不作为本条评价重点。

【具体评价方式】

本条适用于各类民用建筑的预评价、评价。

预评价查阅建筑施工图设计说明（应说明室外场地的无障碍设计内容），建筑总平面施工图和场地竖向设计施工图（应体现建筑主要出入口、人行通道、室外活动场地等部位的无障碍设计内容），室外景观园林平面施工图（包含场地人行通道、室外绿化小径和活动场地的无障碍设计）等设计文件。

评价查阅预评价涉及内容的竣工文件，还查阅无障碍设计重点部位的实景影像资料。

6.1.2 场地人行出入口 500m 内应设有公共交通站点或配备联系公共交通站点的专用接驳车。

【条文说明扩展】

本条要求绿色建筑应首先满足使用者绿色出行的基本要求。强调的 500m 步行距离在国家标准中有相关要求。

《城市综合交通体系规划标准》GB/T 51328－2018

9.2.2 城市公共汽电车的车站服务区域，以 300m 半径计算，不应小于规划城市建设用地面积的50%；以500m半径计算，不应小于90%。

国家标准《城市居住区规划设计标准》GB 50180－2018的附录B、C对居住区配套设置公共车站、轨道交通站点均有具体要求。

本条强调了以人步行到达公共交通站点（含轨道交通站点）不超过500m作为绿色建筑与公共交通站点设置的合理距离，明确了建筑使用者应具备利用公共交通出行的便利条件。在项目规划布局时，应充分考虑场地步行出入口与公共交通站点的有机联系，创造便捷的公共交通使用条件。当有些项目确因地处新建区暂时无法提供公共交通服务时，配备专用接驳车联系公共交通站点，为建筑使用者提供出行方便，视为本条通过。专用接驳车是指具有与公共交通站点接驳、能够提供定时定点服务、并已向使用者公示、提供合法合规服务的车辆。

【具体评价方式】

本条适用于各类民用建筑的预评价、评价。

预评价查阅建设项目规划设计总平面图、场地周边公共交通设施布局示意图等规划设计文件，重点审核场地到达公交站点的步行线路、场地出入口到达公交站点的距离；查阅提供专用接驳车服务的实施方案（如必要）。

评价查阅预评价涉及内容的竣工文件，重点审核建设项目场地出入口与公交站点的实际距离等相关证明材料；还查阅提供专用接驳车服务的实施方案（如必要）。投入使用的项目，尚应提供公共交通站点或专用接驳车运行的影像资料。

6.1.3 停车场应具有电动汽车充电设施或具备充电设施的安装条件，并应合理设置电动汽车和无障碍汽车停车位。

【条文说明扩展】

为满足电动汽车发展的需求，本条对配建停车场（库）的电动汽车停车和无障碍停车提出要求。

本条强调电动汽车停车位要具备电动汽车充电设施或安装条件。电动汽车充电基础设施建设，应纳入工程建设预算范围、随工程统一设计与施工完成直接建设或做好预留。电动汽车停车位数量至少应达到当地相关规定要求，例如新建住宅应配建一定比例的电动汽车停车位，所有的电动汽车停车位均应建设充电设施或预留建设安装条件，为各种充电设施（充电桩、充电站等）提供接入条件。充电设施建设应符合现行国家标准《电动汽车分散充电设施工程技术标准》GB/T 51313等的规定。

对于直接建设的充电车位，应做到低压柜安装第一级配电开关，安装干线电缆，安装第二级配电区域总箱，敷设电缆桥架、保护管及配电支路电缆到充电桩位，充电桩可由运营商随时安装在充电基础设施上。对于预留条件的充电车位，至少应预留外电源管线、变压器容量，第一级配电应预留低压柜安装空间、干线电缆敷设条件，第二级配电应预留区域总箱的安装空间与接入系统位置和配电支路电缆敷设条件，以便按需建设充电设施。

电动汽车充电负荷优先兼用建筑常规配电变压器供电，经评估如建筑常规配电变压器的负载率超过经济运行区间，则应增加变压器容量。

对于电动汽车停车位，应根据所在地配置要求合理布置。电动汽车停车位宜选取停车场中集中停车区域设置；地面停车场电动汽车停车位宜设置在出入便利的区域，不宜设置在靠近主要出入口和公共活动场所附近；地下停车场电动汽车停车位宜设置在靠近地面层区域，不宜设置在主要交通流线附近。

对于无障碍汽车停车位，表 6-1 汇总了国家标准《无障碍设计规范》GB 50763－2012 对设置无障碍机动车停车位的规定。

表 6-1 停车位无障碍设计

居住区、居住建筑	1 居住区停车场和车库的总停车位应设置不少于 0.5%的无障碍机动车停车位；若设有多个停车场和车库，宜每处设置不少于 1 个无障碍机动车停车位； 2 地面停车场的无障碍机动车停车位宜靠近停车场的出入口设置
公共建筑	建筑基地内总停车数在 100 以下时应设置不少于 1 个无障碍机动车停车位，100 辆以上时应设置不少于总停车数 1%的无障碍机动车停车位

【具体评价方式】

本条适用于各类民用建筑的预评价、评价。

预评价查阅建筑施工图和建筑总平面施工图中电动汽车停车位和无障碍停车位设计内容，电气施工图中充电设施条件、配电系统要求、布线系统要求、计量要求等设计内容。

评价查阅预评价涉及内容的竣工文件，还查阅无障碍停车位和电动汽车停车位重点部位的实景影像资料。

6.1.4 自行车停车场所应位置合理、方便出入。

【条文说明扩展】

本条对于配建自行车停车场所的建设项目，强调自行车停车场所要位置合理，方便出入，以此鼓励绿色出行。

《城市综合交通体系规划标准》GB/T 51328－2018

13.2.1 非机动车停车场应满足非机动车的停放需求，宜在地面设置，并与非机动车交通网络相衔接。可结合需求设置分时租赁非机动车停车位。

13.2.2 公共交通站点及周边，非机动车停车位供给宜高于其他地区。

13.2.3 非机动车路内停车位应布设在路侧带内，但不应妨碍行人通行。

13.2.4 非机动车停车场可与机动车停车场结合设置，但进出通道应分开布设。

13.2.5 非机动车的单个停车位面积宜取 $1.5m^2$～$1.8m^2$。

对于不适宜使用自行车作为交通工具的情况（如山地城市），应提供专项说明材料，经论证确实不适宜使用自行车作为交通工具的视为本条通过。不适宜使用自行车但电动自行车较多的城市，电动自行车停车场所也应满足本条要求，并符合电动自行车停车有关管理规定。

【具体评价方式】

本条适用于各类民用建筑的预评价、评价。

预评价查阅建设项目建筑总平面施工图中的自行车库/棚位置、地面停车场位置，自行车库/棚及附属设施施工图。

评价查阅预评价涉及内容的竣工文件，还查阅自行车停车场所的现场影像资料。

6.1.5 建筑设备管理系统应具有自动监控管理功能。

【条文说明扩展】

《智能建筑设计标准》GB 50314－2015

4.5.2 建筑设备管理系统宜包括建筑设备监控系统、建筑能效监管系统，以及需纳入管理的其他业务设施系统等。

4.5.3 建筑设备监控系统应符合下列规定：

1 监控的设备范围宜包括冷热源、供暖通风和空气调节、给水排水、供配电、照明、电梯等，并宜包括以自成控制体系方式纳入管理的专项设备监控系统等；

2 采集的信息宜包括温度、湿度、流量、压力、压差、液位、照度、气体浓度、电量、冷热量等建筑设备运行基础状态信息；

3 监控模式应与建筑设备的运行工艺相适应，并应满足对实时状况监控、管理方式及管理策略等进行优化的要求；

4 应适应相关的管理需求与公共安全系统信息关联；

5 宜具有向建筑内相关集成系统提供建筑设备运行、维护管理状态等信息的条件。

《建筑设备监控系统工程技术规范》JGJ/T 334－2014

4.1.2 监控系统的监控功能应根据监控范围和运行管理要求确定，并符合下列规定：

1 应具备监测功能；

2 应具备安全保护功能；

3 宜具备远程控制功能，并应以实现监测和安全保护功能为前提；

4 宜具备自动启停功能，并应以实现远程控制功能为前提；

5 宜具备自动调节功能，并应以实现远程控制功能为前提。

行业标准《建筑设备监控系统工程技术规范》JGJ/T 334－2014 第 4.1.2 条条文说明中指出，不同建筑设备的监控功能要求不尽相同，需要根据被监控设备种类和实际项目需求进行确定。比如暖通空调设备通常需要进行统一的自动控制，监控系统的监控内容通常包括第 1～5 项功能；供配电设备、电梯和自动扶梯一般自带专用控制单元，监控内容往往只有第 1、2 项功能；给水排水设备、照明系统的监控内容通常包括第 1～3 项功能，有条件时也可包括第 4、5 项功能。该规范第 4 章还分节对暖通空调、给水排水、供配电、照明、电梯与自动扶梯等不同建筑设备监控系统的监控功能提出了细化要求，指导相关系统设计落实。

实际工程实践中，考虑到项目功能需求、经济性等因素，并非所有建筑都必须配置建筑设备管理系统并实现自动监控管理功能，不同规模、不同功能的建筑项目是否需要设置以及需设置的系统监控内容，应根据实际情况合理确定、规范设置。比如当公共建筑的面积不大于2万m^2或住宅建筑面积不大于10万m^2且建筑设备形式较为简单（例如全部采用分散式的房间空调器、未设公共区域和夜景照明、未单设水泵）时，对于其公共设施的监控可以不设建筑设备管理系统，但从节能降耗、加强智慧运营管理的角度，这类建筑应设置简易的节能控制措施，如对风机水泵的变频控制、不联网的就地控制器、简单的单回路反馈控制等，也能取得良好的效果，本条也可通过。

【具体评价方式】

本条适用于各类民用建筑的预评价、评价。未设置建筑设备管理系统的建筑，在提交合理充分的论述和证明材料后，本条直接通过。

预评价查阅建筑设备自控系统的设计说明、系统图、监控点位表、平面图、原理图等设计文件，相关设备使用说明书等。

评价查阅预评价涉及内容的竣工文件。投入使用的项目，尚应查阅运行记录和运行分析报告，重点审核系统对所连接设备进行监控管理的实际情况。

6.1.6 建筑应设置信息网络系统。

【条文说明扩展】

本条应根据国家现行标准《智能建筑设计标准》GB 50314和《居住区智能化系统配置与技术要求》CJ/T 174，设置合理、完善的信息网络系统。

【具体评价方式】

本条适用于各类民用建筑的预评价、评价。

预评价查阅智能化、装修等专业的信息网络系统设计文件，包括设计说明、系统图、机房设计、主要设备及参数等。

评价查阅预评价涉及内容的竣工文件。

6

6.2 评分项

Ⅰ 出行与无障碍

6.2.1 场地与公共交通站点联系便捷，评价总分值为8分，并按下列规则分别评分并累计：

1 场地出入口到达公共交通站点的步行距离不超过500m，或到达轨道交通站的步行距离不大于800m，得2分；场地出入口到达公共交通站点的步行距离不超过300m，或到达轨道交通站的步行距离不大于500m，得4分；

2 场地出入口步行距离800m范围内设有不少于2条线路的公共交通站点，得4分。

【条文说明扩展】

本条是在本标准第6.1.2条基础上进一步评价的得分条件，明确了对公交站点、轨道交通站点以及多条公交线路站点的评分条件，本条所指公共交通站点包括公共汽车站和轨道交通站。建设项目应结合周边交通条件合理设置出入口（具体可见本细则第6.1.2条内容）。

【具体评价方式】

本条适用于各类民用建筑的预评价、评价。

预评价查阅建设项目规划设计总平面图、场地周边公共交通设施布局示意图等规划设计文件，重点审核场地到达公交站点的步行线路、场地出入口到达公交站点的距离以及公交线路的设置情况。

评价查阅预评价涉及内容的竣工文件，重点审核建设项目场地出入口与公交站点的实际距离、公交线路的设置情况等相关证明材料。投入使用的项目，尚应提供公共交通站点的影像资料。

6.2.2 建筑室内外公共区域满足全龄化设计要求，评价总分值为8分，并按下列规则分别评分并累计：

1 建筑室内公共区域、室外公共活动场地及道路均满足无障碍设计要求，得3分；

2 建筑室内公共区域的墙、柱等处的阳角均为圆角，并设有安全抓杆或扶手，得3分；

3 设有可容纳担架的无障碍电梯，得2分。

【条文说明扩展】

第1款，建筑内公共空间形成连续的无障碍通道，建筑室内外的道路、绿地、停车位、出入口、门厅、走廊、楼梯、电梯、厕所等公共区域均应方便老年人、行动不便者及儿童等人群的通行和使用，应按照现行国家标准《无障碍设计规范》GB 50763的规定配置无障碍设施，并尽可能实现场内的城市街道、室外活动场所、停车场所、各类建筑出入口和公共交通站点之间等步行系统的无障碍联通。无障碍系统应保持连续性，如建筑场地的无障碍步行道应连续铺设，不同材质的无障碍步行道交接处应避免产生高差，所有存在高差的地方均应设置坡道，并应与建筑场地外无障碍系统连贯连接。住宅建筑内的电梯不应平层错位。建筑室内有高差的地方，也应设置坡道方便轮椅上下。

第2款，在建筑出入口、门厅、走廊、楼梯、电梯等室内公共区域中与人体高度接触较多的墙、柱等公共部位，墙体和柱体阳角均采用圆角设计可以避免棱角或尖锐突出物对使用者，尤其老人、行动不便者及儿童带来的安全隐患。当公共区域室内阳角为大于90°的钝角时，可不做圆角要求。该设计主要集中应用在人流量较大、使用人群多样的商业、餐饮、娱乐等建筑的大厅、走廊等公共区域，且与人体高度直接接触较多的扶手、墙、柱等公共部位位置。同时，该区域应合理设置具有防滑功能的抓杆或扶手，以尽可能保障其行走或使用的安全、便利。

第3款，参考现行标准《无障碍设计规范》GB 50763、《住宅设计规范》GB 50096及《健康建筑评价标准》T/ASC 02的相关要求。

《无障碍设计规范》GB 50763－2012

7.4.2（2） 设置电梯的居住建筑，每居住单元至少应设置1部能直达户门层的无障碍电梯。

7.4.5 当无障碍宿舍设置在二层以上且宿舍建筑设置电梯时，应设置不少于1部无障碍电梯，无障碍电梯应与无障碍宿舍以无障碍通道连接。

8.1.4 建筑内设有电梯时，至少应设置1部无障碍电梯。

《住宅设计规范》GB 50096-2011：

6.4.2 十二层及十二层以上的住宅，每栋楼设置电梯不应少于两台，其中应设置一台可容纳担架的电梯。

国家工程建设规范《住宅项目规范》（征求意见稿）第7.5.1条进一步提出："十二层及十二层以上的住宅建筑，每个居住单元设置电梯不应少于2台，其中设置可容纳担架的电梯不应少于1台。"

【具体评价方式】

本条适用于各类民用建筑的预评价、评价。单层建筑第3款直接得分，二层及以上建筑如无可容纳担架的无障碍电梯，第3款不得分。户内电梯不做要求。

预评价，第1款查阅建筑施工图设计说明（应说明室内无障碍设计内容），建筑总平面施工图和场地竖向设计施工图（应体现建筑主要出入口、人行通道、室外活动场地等部位的无障碍设计内容），室外景观园林平面施工图（包含场地人行通道、室外绿化小径和活动场地的无障碍设计）等设计文件；第2款查阅室内装饰装修施工图的设计说明、室内公共区域装修平面图、墙柱等阳角节点设计详图、室内抓杆或扶手节点等无障碍设计设计详图、装修设计材料表等设计文件；第3款查阅建筑及室内装饰装修施工图，无障碍电梯室内设计详图。

评价查阅预评价涉及内容的竣工文件，第3款还查阅电梯产品说明书。

Ⅱ 服务设施

6.2.3 提供便利的公共服务，评价总分值为10分，并按下列规则评分：

1 住宅建筑，满足下列要求中的4项，得5分；满足6项及以上，得10分：

1）场地出入口到达幼儿园的步行距离不大于300m；

2）场地出入口到达小学的步行距离不大于500m；

3）场地出入口到达中学的步行距离不大于1000m；

4）场地出入口到达医院的步行距离不大于1000m；

5）场地出入口到达群众文化活动设施的步行距离不大于800m；

6）场地出入口到达老年人日间照料设施的步行距离不大于500m；

7）场地周边500m范围内具有不少于3种商业服务设施。

2 公共建筑，满足下列要求中的3项，得5分；满足5项，得10分：

1）建筑内至少兼容2种面向社会的公共服务功能；

2）建筑向社会公众提供开放的公共活动空间；

3）电动汽车充电桩的车位数占总车位数的比例不低于10%；

4）周边500m范围内设有社会公共停车场（库）；

5）场地不封闭或场地内步行公共通道向社会开放。

【条文说明扩展】

第1款针对住宅建筑。本款与国家标准《城市居住区规划设计标准》GB 50180-2018进行了对接，居住区的配套设施是指对应居住区分级配套规划建设，并与居住人口规模或住宅建筑面积规模相匹配的生活服务设施；主要包括公共管理与公共服务设施、商业服务业设施、市政公用设施、交通场站及社区服务设施、便民服务设施。本款选取了居民使用频率较高或对便利性要求较高的配套设施进行评价，突出步行可达的便利性设计原则。本次修订特别增加了医院、各类群众文化活动设施、老年人日间照料中心等公共服务设施的评价内容，强化了对公共服务水平的评价。其中医院含卫生服务中心、社区医院，群众文化活动设施含文化馆、文化宫、文化活动中心、老年人或儿童活动中心等。

对于本款第7项的商业服务设施，国家标准《城市居住区规划设计标准》GB 50180-2018附录B给出了商场、菜市场或生鲜超市、健身房、餐饮设施、银行营业网点、电信营业网点、邮政营业场所、其他等8项。

第2款针对公共建筑。公共建筑兼容2种及以上主要公共服务功能是指主要服务功能在建筑内部混合布局，部分空间共享使用，如建筑中设有共用的会议设施、展览设施、健身设施、餐饮设施等以及交往空间、休息空间等，提供休息座位、家属室、母婴室、活动室等人员停留、沟通交流、聚集活动等与建筑主要使用功能相适应的公共空间。

公共服务设施向社会开放共享的方式也具有多种形式，可以全时开放，也可根据自身使用情况错时开放。建筑向社会提供开放的公共空间和室外场地，既可增加公共活动空间提高各类设施和场地的使用效率，又可陶冶情操、增进社会交往。例如文化活动中心、图书馆、体育运动场、体育馆等，通过科学管理错时向社会公众开放；办公建筑的室外场地或公共绿地、停车库等在非办公时间向周边居民开放，会议室等向社会开放，商业建筑的屋顶绿化或室外绿地在非营业时间提供给公众休憩等，鼓励或倡导公共建筑附属的开敞空间错时共享，尽可能提高使用效率，提高这些公共空间的社会贡献率。本款对于中小学、幼儿园、社会福利等公共服务设施，因建筑使用功能的特殊性，第1、2、5项可按照满足要求直接得分。

【具体评价方式】

本条适用于各类民用建筑的预评价、评价。宿舍建筑本条按第2款评价。

预评价查阅建筑总平面施工图、公共服务设施布局图、位置标识图等规划设计文件。

评价查阅预评价涉及内容的竣工文件。投入使用的项目，尚应查阅设施向社会共享的管理办法、实施方案、使用说明、工作记录等。

6.2.4 城市绿地、广场及公共运动场地等开敞空间，步行可达，评价总分值为5分，并按下列规则分别评分并累计：

1 场地出入口到达城市公园绿地、居住区公园、广场的步行距离不大于300m，得3分；

2 到达中型多功能运动场地的步行距离不大于500m，得2分。

【条文说明扩展】

第1款，建筑以主要出入口步行300m即可到达任何1个城市公园绿地、城市广场即可得分，其中住宅建筑还包括居住区公园。居住区公园在国家标准《城市居住区规划设计标准》GB 50180－2018中有相应的要求，“各级居住区公园绿地应构成便于居民使用的小游园和小广场，作为居民集中开展各种户外活动的公共空间，并宜动静分区设置。动区供居民开展丰富多彩的健身和文化活动，宜设置在居住区边缘地带或住宅楼栋的山墙侧边。静区供居民进行低强度、较安静的社交和休息活动，宜设置在居住区内靠近住宅楼栋的位置，并和动区保持一定距离。通过动静分区，各场地之间互不干扰，塑造和谐的交往空间，使居民既有足够的活动空间，又有安静的休闲环境。”

第2款，到达1处中型多功能运动场地的步行距离不大于500m。依据国家标准《城市居住区规划设计标准》GB 50180－2018，中型多功能运动场地是指，用地面积在1310m^2～2460m^2，宜集中设置篮球、排球、5人足球的体育活动场地。

【具体评价方式】

本条适用于各类民用建筑的预评价、评价。

预评价查阅建筑总平面施工图、场地周边公共设施布局图/规划图、步行路线图、位置标识图等规划设计文件。

评价查阅预评价涉及内容的竣工文件，还查阅步行路线图及开敞空间出入口影像资料等。

6.2.5 合理设置健身场地和空间，评价总分值为10分，并按下列规则分别评分并累计：

1 室外健身场地面积不少于总用地面积的0.5%，得3分；

2 设置宽度不少于1.25m的专用健身慢行道，健身慢行道长度不少于用地红线周长的1/4且不少于100m，得2分；

3 室内健身空间的面积不少于地上建筑面积的0.3%且不少于60m^2，得3分；

4 楼梯间具有天然采光和良好的视野，且距离主入口的距离不大于15m，得2分。

【条文说明扩展】

第1款，国家标准《城市社区多功能公共运动场配置要求》GB/T 34419－2017提出充分考虑社区所在地的气候、人文和民族特点，选择设置当地群众喜爱的体育项目。国家标准《城市居住区规划设计标准》GB 50180－2018提出室外综合健身场地（含老年户外活动场地和儿童活动场地）的服务半径不宜大于300m。如项目本身无室外健身场地，本款不得分。

第2款，健身慢行道是指在场地内设置的供人们进行行走、慢跑的专门道路。健身慢行道应尽可能避免与场地内车行道交叉，步道宜采用弹性减振、防滑和环保的材料（如塑胶、彩色陶粒等），以减少对人体关节的冲击和损伤。步道宽度不小于1.25m，源自住房城乡建设部以及国土资源部联合发布的《城市社区体育设施建设用地指标》的要求。

第3款，鼓励建筑或社区中合理设置健身空间，若健身房设置在地下，其室内照明、排风、新风、空调等应满足使用要求。除专门的健身空间外，也可利用公共空间（如小区会所、入口大堂、休闲平台、共享空间等），在不影响正常原有功能使用的前提下，合理设置健身区，此处所指的公共空间内设置的健身区应是在满足正常使用功能的前提下，通过空间合理布局，形成固定的、具有一定规模的健身区域方可计入面积。健康空间内宜配置健身器材，提供给人们全天候进行健身活动的条件，鼓励积极健康的生活方式。健身空间还包括开放共享的羽毛球室、乒乓球室。如项目内设置收费健身房并可向业主提供优惠使用条件，本款也可得分。

第 4 款，楼梯间作为日常使用和应急疏散等多功能场所，应尽量采用自然通风，以提高排除进入楼梯间内烟气的可靠性，确保楼梯间的安全；且楼梯间靠外墙设置，也有利于天然采光，本款要求每单体建筑中至少有一处楼梯间具有天然采光、良好的视野、充足的照明和人体感应装置，方便人员行走和锻炼。距离主入口的距离不大于 15m 是为吸引人们主动选择走楼梯的健康的出行方式。

【具体评价方式】

本条适用于各类民用建筑的预评价、评价。

预评价查阅总平面施工图、景观施工图（包含健身设施布局、健身慢行道路线、健身设施场地布置等）、建筑施工图（含平面功能布局、楼梯间位置）、电气施工图（含楼梯间照明系统设计）等内容，及相关产品说明书。

评价查阅预评价涉及内容的竣工文件，及相关产品说明书。

Ⅲ 智慧运行

6.2.6 设置分类、分级用能自动远传计量系统，且设置能源管理系统实现对建筑能耗的监测、数据分析和管理，评价分值为 8 分。

【条文说明扩展】

本条要求设置电、气、热的能耗计量系统和能源管理系统。建筑至少应对建筑最基本的能源资源消耗量设置管理系统。但不同规模、不同功能的建筑项目需设置的系统大小及是否需要设置应根据实际情况合理确定。

对于公共建筑，冷热源、输配系统和电气等各部分能源应进行独立分项计量，并能实现远传，其中冷热源、输配系统的主要设备包括冷热水机组、冷热水泵、新风机组、空气处理机组、冷却塔等，电气系统包括照明插座、动力等。对于计量数据采集频率不作强制性要求，可根据具体工作需要灵活设置，一般 10min～60min 采集一次。

对于住宅建筑及宿舍建筑，鉴于分户之间具有相对独立性与私密性的特点，不便对每户能耗情况实行细化监测和管理，而公共区域主要由物业管理单位运行维护和管理，故主要针对其公共区域提出分项计量与管理要求（如公共动力设备用电、室内公共区域照明用电、室外景观照明用电等）。

计量器具应满足现行国家标准《用能单位能源计量器具配备和管理通则》GB 17167 要求。在计量基础上，通过能源管理系统实现数据传输、存储、分析功能，系统可存储数据均应不少于一年。

【具体评价方式】

本条适用于各类民用建筑的预评价、评价。

预评价查阅用能系统、自动远传计量系统、能源管理系统的设计说明、系统配置等设计文件，重点审核能源管理系统能否实现数据传输、存储(可存储数据不少于一年)、分析功能。

评价除查阅预评价所要求内容外，还查阅有关产品型式检验报告。投入使用的项目，尚应查阅管理制度、历史监测数据、运行记录。

6.2.7 设置PM_{10}、$PM_{2.5}$、CO_2浓度的空气质量监测系统，且具有存储至少一年的监测数据和实时显示等功能，评价分值为5分。

【条文说明扩展】

为加强建筑的可感知性，本条要求住宅建筑和宿舍建筑每户均应设置空气质量监控系统，公共建筑主要功能房间应设置空气质量监控系统。对于安装监控系统的建筑，系统至少对PM_{10}、$PM_{2.5}$、CO_2分别进行定时连续测量、显示、记录和数据传输，在建筑开放使用时间段内，监测系统对污染物浓度的读数时间间隔不得长于10min。

【具体评价方式】

本条适用于各类民用建筑的预评价、评价。

预评价查阅监测系统的设计说明、监测点位图、系统功能说明书等设计文件。

评价除查阅预评价所要求内容外，还查阅有关产品型式检验报告。投入使用的项目，尚应查阅管理制度、历史监测数据、运行记录。

6.2.8 设置用水远传计量系统、水质在线监测系统，评价总分值为7分，并按下列规则评分并累计：

1 设置用水量远传计量系统，能分类、分级记录、统计分析各种用水情况，得3分；

2 利用计量数据进行管网漏损自动检测、分析与整改，管道漏损率低于5%，得2分；

3 设置水质在线监测系统，监测生活饮用水、管道直饮水、游泳池水、非传统水源、空调冷却水的水质指标，记录并保存水质监测结果，且能随时供用户查询，得2分。

【条文说明扩展】

第1款，远传水表相较于传统的普通机械水表增加了信号采集、数据处理、存储及数据上传功能，可以实时的将用水量数据上传给管理系统。采用远传计量系统对各类用水进行计量，可准确掌握项目用水现状，用水总量和各用水单元之间的定量关系，分析用水的合理性，发掘节水潜力，制定出切实可行的节水管理措施和绩效考核办法。

第2款，远传水表应根据水平衡测试的要求分级安装，分级计量水表安装率应达100%。具体要求为下级水表的设置应覆盖上一级水表的所有出流量，不得出现无计量支路。物业管理方应通过远传水表的数据进行管道漏损情况检测，随时了解管道漏损情况，及时查找漏损点并进行整改。

第3款，建筑中设有的各类供水系统均设置了水质在线监测系统，第3款方可得分。实现水质在线监测需要设计并配置在线检测仪器设备，检测关键性位置和代表性测点的水质指标。生活饮用水、非传统水源的在线监测项目应包括但不限于浑浊度、余氯、pH 值、电导率（TDS）等，雨水回用还应监测 SS、CODcr；管道直饮水的在线监测项目应包括但不限于浑浊度、pH 值、余氯或臭氧（视采用的消毒技术而定）等指标，终端直饮水可采用消毒器、滤料或膜芯（视采用的净化技术而定）等耗材更换提醒报警功能代替水质在线监测；游泳池水的在线监测项目应包括但不限于 pH 值、氧化还原电位、浊度、水温、余氯或臭氧浓度（视采用的消毒技术而定）等指标；空调冷却水的在线监测项目应包括但不限于 pH 值（25℃）、电导率（25℃）等指标。未列及的其他供水系统的水质在线监测项目，均应满足相应供水系统及水质标准规范的要求。水质监测的关键性位置和代表性测点包括：水源、水处理设施出水及最不利用水点。监测点位的数量及位置也应满足相应供水系统及水质标准规范的要求。水质在线监测系统应有记录和报警功能，其存储介质和数据库应能记录连续一年以上的运行数据，且能随时供用户查询。管理制度中应有用户查询机制管理办法。

【具体评价方式】

本条适用于各类民用建筑的预评价、评价。

预评价查阅包含供水系统远传计量设计图纸、计量点位说明或示意图、水质监测系统设计图纸、监测点位说明或示意图等在内的设计文件。

评价除查阅预评价所要求内容外，还查阅监测与发布系统说明，远传水表或水质监测设备的型式检验报告。已投入使用的项目，尚应查阅用水量远传计量及水质在线监测的管理制度、历史监测数据、运行记录，用水量分类、分项计量记录及统计分析报告，管网漏损自动检测分析记录和整改报告。

6.2.9 具有智能化服务系统，评价总分值为 9 分，并按下列规则分别评分并累计：

1 具有家电控制、照明控制、安全报警、环境监测、建筑设备控制、工作生活服务等至少 3 种类型的服务功能，得 3 分；

2 具有远程监控的功能，得 3 分；

3 具有接入智慧城市（城区、社区）的功能，得 3 分。

【条文说明扩展】

智能化服务系统，包括智能家居监控系统、智能环境设备监控系统、智能工作生活服务系统等。智能家居监控系统或智能环境设备监控系统是以相对独立的使用空间为单位，利用综合布线技术、网络通信技术、自动控制技术、音视频技术等将家具生活或工作事务有关的设施进行集成，构建高效的建筑设施与日常事务的管理系统，提升家居和工作的安全性、便利性、舒适性、艺术性，实现更加便捷适用的生活和工作环境。

第 1 款，智能化服务系统可能会涵盖家电控制、照明控制、安全报警、环境监测、建筑设备控制、工作生活服务等多种功能。本款要求至少实现 3 种类型的服务功能，以便提升用户感知度和获得感。住宅建筑中常见的智能化服务功能有：空调、风扇、窗帘、空气净化器、热水器、电视、背景音乐、厨房电器等的控制，照明场景控制，设备系统出现运行故障或安全隐患（包括环境参数超限）时的安全报警，室内外的空气温度、湿度、CO_2 浓度、空气污染物浓度、声环境质量等的监测，养老服务预约、就医预约等；公共建筑中常见的智能化服务功能有：空调、风扇、窗帘、空气净化器等的控制，照明灯具的分区、分时控制，安全报警（一般在安防系统内解决，也可设置用户端报警提示），室内外的空气温度、湿度、CO_2浓度、空气污染物浓度、声环境质量等的监测，会议室预约、就餐预约、访客预约等。上述预约功能一般可通过在社区服务小程序APP、办公自动化OA系统等应用软件系统中增设相关服务功能模块加以实现。

为体现建筑使用便利性，本款要求住宅建筑每户户内均应设置智能化服务系统终端设备，公共建筑主要功能房间内应设置智能化服务系统终端设备。对于项目竣工时未设置而在运行使用后由用户自行购买安装的情况，本条评价时不予认定。

第2款，智能化服务系统的控制方式包括电话或网络远程控制、室内外遥控、红外转发以及可编程定时控制等，如果系统具备了远程监控功能，使用者可通过以太网、移动数据网络等，实现对建筑室内物理环境状况、设备设施状态的监测，以及对智能家居或环境设备系统的监测和控制、对工作生活服务平台的访问操作，从而可以有效提升服务便捷性。同样的，本款也要求具有远程监控功能的服务类型要达到3种。

第3款，智能化服务系统平台能够与所在的智慧城市（城区、社区）平台对接，则可有效实现信息和数据的共享与互通，大大提高信息更新与扩充的速度和范围，实现相关各方的互惠互利。智慧城市（城区、社区）的智能化服务系统的基本项目一般包括智慧物业管理、电子商务服务、智慧养老服务、智慧家居、智慧医院等，能够为建筑层面的智能化服务系统提供有力支撑。本款要求至少1个系统项目实现与智慧城市（城区、社区）平台对接。

【具体评价方式】

本条适用于各类民用建筑的预评价、评价。

预评价查阅包含智能家居或环境设备监控系统设计方案、智能化服务平台方案等在内的智能化及装修设计文件，重点审核其可实现的服务功能、远程监控功能、接入上一级智慧平台功能等。

评价除查阅预评价所要求内容外，还查阅相关产品的型式检验报告。投入使用的项目尚应查阅管理制度、历史监测数据、运行记录。

Ⅳ 物业管理

6.2.10 制定完善的节能、节水、节材、绿化的操作规程、应急预案，实施能源资源管理激励机制，且有效实施，评价总分值为5分，并按下列规则分别评分并累计：

1 相关设施具有完善的操作规程和应急预案，得2分；

2 物业管理机构的工作考核体系中包含节能和节水绩效考核激励机制，得3分。

【条文说明扩展】

第1款，节能、节水、节材等资源节约与绿化的各项操作规则应在各个岗位现场显著位置明示，保证工作质量和设备设施安全、高效运行。应急预案中应明确规定各种突发事故的处理流程、人员分工、严格的上报和记录程序，并对专业维修人员的安全有严格的保障措施。主要包括：

1）各类设施机房（如制冷机房、空调机房、锅炉房、电梯机房、配电间、泵房、中控室等）操作规程的合理性及落实情况。在机房中明示管理制度、操作规程、交接班制度、岗位职责、应急预案。

2）节能、节水设施设备应具有巡回检查制度、保养维护制度，并有完善的运行记录等；

3）节材应具有详细、完整的购置和使用记录。

4）绿化保养应具有完善的保养维护制度，并有完整的养护记录、药品的购置和使用记录。

第2款，物业管理机构在保证建筑的使用性能要求、投诉率低于规定值的前提下，实现其经济效益与建筑用能系统的耗能状况、水资源等的使用情况直接挂钩。在运营管理中，建筑运行能耗可参考现行国家标准《民用建筑能耗标准》GB/T 51161制定激励政策，建筑水耗可参考现行国家标准《民用建筑节水设计标准》GB 50555制定激励政策。通过绩效考核，调动运营管理工作者的绿色运营意识、激发其绿色管理的积极性，提升物业管理部门的管理服务水平和效益，有效促进运行节能节水。

【具体评价方式】

本条适用于各类民用建筑的评价。在项目投入使用前评价，本条不得分。

评价第1款，查阅节能、节水、节材、绿化的相关管理制度，包括操作规程、应急预案、操作人员的专业证书，节能、节水、节材、绿化的运维管理记录。

评价第2款，查阅运行管理机构的工作考核体系文件（包括业绩考核办法）。

6.2.11 建筑平均日用水量满足现行国家标准《民用建筑节水设计标准》GB 50555中节水用水定额的要求，评价总分值为5分，并按下列规则评分：

1 平均日用水量大于节水用水定额的平均值、不大于上限值，得2分。

2 平均日用水量大于节水用水定额下限值、不大于平均值，得3分。

3 平均日用水量不大于节水用水定额下限值，得5分。

【条文说明扩展】

国家标准《民用建筑节水设计标准》GB 50555－2010

2.1.1 节水用水定额

采用节水型生活用水器具后的平均日用水量。

3.1.1 住宅平均日生活用水的节水用水定额，可根据住宅类型、卫生器具设置标准和区域条件因素按表3.1.1的规定确定。

表3.1.1 住宅平均日生活用水节水用水定额 q_z

住宅类型		卫生器具设置标准	节水用水定额 q_z（L/人·d）								
			一区			二区			三区		
			特大城市	大城市	中、小城市	特大城市	大城市	中、小城市	特大城市	大城市	中、小城市
普通住宅	Ⅰ	有大便器、洗涤盆	100～140	90～110	80～100	70～110	60～80	50～70	60～100	50～70	45～65
	Ⅱ	有大便器、洗脸盆、洗涤盆和洗衣机、热水器和沐浴设备	120～200	100～150	90～140	80～140	70～110	60～100	70～120	60～90	50～80

续表 3.1.1

住宅类型		卫生器具设置标准	节水用水定额 q_z（L/人·d）								
			一区			二区			三区		
			特大城市	大城市	中、小城市	特大城市	大城市	中、小城市	特大城市	大城市	中、小城市
普通住宅	Ⅲ	有大便器、洗脸盆、洗涤盆、洗衣机、集中供应或家用热水机组和沐浴设备	140～230	130～180	100～160	90～170	80～130	70～120	80～140	70～100	60～90
别墅		有大便器、洗脸盆、洗涤盆、洗衣机及其他设备（净身器等）、家用热水机组或集中供应和沐浴设备、洒水栓	150～250	140～200	110～180	100～190	90～150	80～140	90～160	80～110	70～100

注：1 特大城市指市区和近郊区非农业人口100万及以上的城市；大城市指市区和近郊区非农业人口50万及以上，不满100万的城市；中、小城市指市区和近郊区非农业人口不满50万的城市。
2 一区包括：湖北、湖南、江西、浙江、福建、广东、广西、海南、上海、江苏、安徽、重庆；
二区包括：四川、贵州、云南、黑龙江、吉林、辽宁、北京、天津、河北、山西、河南、山东、宁夏、陕西、内蒙古河套以东和甘肃黄河以东的地区；
三区包括：新疆、青海、西藏、内蒙古河套以西和甘肃黄河以西的地区。
3 当地主管部门对住宅生活用水节水用水标准有规定的，按当地规定执行。
4 别墅用水定额中含庭院绿化用水，汽车抹车水。
5 表中用水量为全部用水量，当采用分质供水时，有直饮水系统的，应扣除直饮水用水定额；有杂用水系统的，应扣除杂用水定额。

3.1.2 宿舍、旅馆和其他公共建筑的平均日生活用水的节水用水定额，可根据建筑物类型和卫生器具设置标准按表3.1.2的规定确定。

表3.1.2 宿舍、旅馆和其他公共建筑的平均日生活用水节水用水定额 q_g

序号	建筑物类型及卫生器具设置标准	节水用水定额 q_g	单位
1	宿舍		
	Ⅰ类、Ⅱ类	130～160	L/人·d
	Ⅲ类、Ⅳ类	90～120	L/人·d
2	招待所、培训中心、普通旅馆		
	设公用厕所、盥洗室	40～80	L/人·d
	设公用厕所、盥洗室和淋浴室	70～100	L/人·d
	设公用厕所、盥洗室、淋浴室、洗衣室	90～120	L/人·d
	设单独卫生间、公用洗衣室	110～160	L/人·d
3	酒店式公寓	180～240	L/人·d
4	宾馆客房		
	旅客	220～320	L/床位·d
	员工	70～80	L/人·d

续表 3.1.2

序号	建筑物类型及卫生器具设置标准	节水用水定额 q_g	单位
5	医院住院部		
	设公用厕所、盥洗室	90～160	L/床位·d
	设公用厕所、盥洗室和淋浴室	130～200	L/床位·d
	病房设单独卫生间	220～320	L/床位·d
	医务人员	130～200	L/人·班
	门诊部、诊疗所	6～12	L/人·次
	疗养院、休养所住院部	180～240	L/床位·d
6	养老院托老所		
	全托	90～120	L/人·d
	日托	40～60	L/人·d
7	幼儿园、托儿所		
	有住宿	40～80	L/儿童·d
	无住宿	25～40	L/儿童·d
8	公共浴室		
	淋浴	70～90	L/人·次
	淋浴、浴盆	120～150	L/人·次
	桑拿浴（淋浴、按摩池）	130～160	L/人·次
9	理发室、美容院	35～80	L/人·次
10	洗衣房	40～80	L/kg 干衣
11	餐饮业		
	中餐酒楼	35～50	L/人·次
	快餐店、职工及学生食堂	15～20	L/人·次
	酒吧、咖啡厅、茶座、卡拉 OK 房	5～10	L/人·次
12	商场		
	员工及顾客	4～6	L/m^2 营业厅面积·d
13	图书馆	5～8	L/人·次
14	书店		
	员工	27～40	L/人·班
	营业厅	3～5	L/m^2 营业厅面积·d
15	办公楼	25～40	L/人·班
16	教学实验楼		
	中小学校	15～35	L/学生·d
	高等学校	35～40	L/学生·d
17	电影院、剧院	3～5	L/观众·场
18	会展中心（博物馆、展览馆）		
	员工	27～40	L/人·班
	展厅	3～5	L/m^2 展厅面积·d

续表 3.1.2

序号	建筑物类型及卫生器具设置标准	节水用水定额 q_g	单位
19	健身中心	25～40	L/人·次
20	体育场、体育馆 运动员淋浴 观众	 25～40 3	 L/人·次 L/人·场
21	会议厅	6～8	L/座位·次
22	客运站旅客、展览中心观众	3～6	L/人·次
23	菜市场冲洗地面及保鲜用水	8～15	L/m²·d
24	停车库地面冲洗用水	2～3	L/m²·次

注：1 除养老院、托儿所、幼儿园的用水定额中含食堂用水，其他均不含食堂用水。
2 除注明外均不含员工用水，员工用水定额每人每班 30L～45L。
3 医疗建筑用水中不含医疗用水。
4 表中用水量包括热水用量在内，空调用水应另计。
5 选择用水定额时，可依据当地气候条件、水资源状况等确定，缺水地区应选择低值。
6 用水人数或单位数应以年平均值计算。
7 每年用水天数应根据使用情况确定。

3.1.3 汽车冲洗用水定额应根据冲洗方式按表 3.1.3 的规定选用，并应考虑车辆用途、道路路面等级和污染程度等因素后综合确定。附设在民用建筑中停车库抹车用水可按 10%～15%轿车车位计。

表 3.1.3 汽车冲洗用水定额（L/辆·次）

冲洗方式	高压水枪冲洗	循环用水冲洗补水	抹车
轿车	40～60	20～30	10～15
公共汽车 载重汽车	80～120	40～60	15～30

注：1 同时冲洗汽车数量按洗车台数量确定。
2 在水泥和沥青路面行驶的汽车，宜选用下限值；路面等级较低时，宜选用上限值。
3 冲洗一辆车可按 10min 考虑。
4 软管冲洗时耗水量大，不推荐采用。

3.1.4 空调循环冷却水系统的补充水量，应根据气象条件、冷却塔形式、供水水质、水质处理及空调设计运行负荷、运行天数等确定，可按平均日循环水量的1.0%～2.0%计算。

3.1.5 浇洒道路用水定额可根据路面性质按表 3.1.5 的规定选用，并应考虑气象条件因素后综合确定。

表 3.1.5 浇洒道路用水定额（L/m²·次）

路面性质	用水定额
碎石路面	0.40～0.70
土路面	1.00～1.50
水泥或沥青路面	0.20～0.50

注：1 广场浇洒用水定额亦可参照本表选用。
2 每年浇洒天数按当地情况确定。

3.1.6 浇洒草坪、绿化年均灌水定额可按表3.1.6的规定确定。

表3.1.6 浇洒草坪、绿化年均灌水定额（$m^3/m^2 \cdot a$）

草坪种类	灌水定额		
	特级养护	一级养护	二级养护
冷季型	0.66	0.50	0.28
暖季型	—	0.28	0.12

项目各类用水应按用途对申报范围内的各类用水分别计算平均日用水量，并与现行国家标准《民用建筑节水设计标准》GB 50555中给出的各项节水用水定额分别进行比较。

计算平均日用水量时，应实事求是地确定用水的使用人数、用水面积等。使用人数在项目使用初期可能不会达到设计人数，如住宅的入住率可能不会很快达到100%，因此对与用水人数相关的用水，如饮用、盥洗、冲厕、餐饮等，应根据用水人数来计算平均日用水量；对使用人数相对固定的建筑，如办公建筑等，按实际人数计算；对浴室、商场、餐厅等流动人口较大且数量无法明确的场所，可按设计人数计算。

对与用水人数无关的用水，如绿化灌溉、地面冲洗、水景补水等，则根据实际水表计量情况进行考核。

根据实际运行一年的水表计量数据和使用人数、用水面积等计算平均日用水量，与节水用水定额进行比较来判定。

本条的平均值为现行国家标准《民用建筑节水设计标准》GB 50555中上限值和下限值的算术平均值。

【具体评价方式】

本条适用于各类民用建筑的评价。在项目投入使用前评价，本条不得分。

评价查阅实测分类用水量计量报告、实际用水单元数量统计报告、建筑各类用水的平均日用水量计算书。

6.2.12 定期对绿色运营效果进行评估，并根据结果进行运行优化，评价总分值为12分，并按下列规则分别评分并累计：

1 制定绿色建筑运营效果评估的技术方案和计划，得3分；

2 定期检查、调适公共设施设备，具有检查、调试、运行、标定的记录，且记录完整，得3分；

3 定期开展节能诊断评估，并根据评估结果制定优化方案并实施，得4分；

4 定期对各类用水水质进行检测、公示，得2分。

【条文说明扩展】

第1款，对绿色建筑的运营效果进行评估是及时发现和解决建筑运营问题的重要手段，也是优化绿色建筑运行的重要途径。绿色建筑涉及的专业面广，所以制定绿色建筑运营效果评估技术方案和评估计划，是评估有序和全面开展的保障条件。根据评估结果，可发现绿色建筑是否达到预期运行目标，进而针对发现的运营问题制定绿色建筑优化运营方案，保持甚至提升绿色建筑运行效率和运营效果。

第 2 款，保持建筑及其区域的公共设施设备系统、装置运行正常，做好定期巡检和维保工作，是绿色建筑长期运行管理中实现各项目标的基础。制定的管理制度、巡检规定、作业标准及相应的维保计划是保障使用者安全、健康的基本保障。各种公共设备的巡检，应制定设备设施的巡检制度，对日常巡检、月度巡检、季度巡检、巡检范围、巡检路线、记录表等作明确的要求和规范的管理，并对应有完整的记录。定期的巡检包括：公共设施设备（管道井、绿化、路灯、外门窗等）的安全、完好程度、卫生情况等；设备间（配电室、机电系统机房、泵房）的运行参数、状态、卫生等；消防设备设施（室外消防栓、自动报警系统、灭火器等）完好程度、标识、状态等。建筑完损等级评定（结构部分的墙体，楼盖，楼地面、幕墙，装修部分的门窗，外装饰、细木装修，内墙抹灰）的安全检测、防锈防腐等，此处所指建筑完损等级评定可由物业管理部门根据参评项目使用情况及年限，对以上部位，自行或由第三方进行有针对性的日常检查和定期大检查，以上内容还应做好归档和记录。

系统、设备、装置的检查、调适不仅限于新建建筑的试运行和竣工验收，而应是一项持续性、长期性的工作。建筑运行期间，所有与建筑运行相关的管理、运行状态，建筑构件的耐久性、安全性等会随时间、环境、使用需求调整而发生变化，因此持续到位的维护特别重要。

第 3 款，物业管理机构有责任定期（每年）开展能源诊断。住宅类建筑能源诊断的内容主要包括：能耗现状调查、室内热环境和暖通空调系统等现状诊断。住宅类建筑能源诊断检测方法可参照现行行业标准《居住建筑节能检测标准》JGJ/T 132 的有关规定。公共建筑能源诊断的内容主要包括：冷水机组、热泵机组的实际性能系数、锅炉运行效率、水泵效率、水系统补水率、水系统供回水温差、冷却塔冷却性能、风机单位风量耗功率、风系统平衡度等，公共建筑能源诊断检测方法可参照现行行业标准《公共建筑节能检测标准》JGJ/T 177 的有关规定。

第 4 款，水质的定期检测应按现行国家标准《生活饮用水标准检验方法》GB/T 5750.1～5750.13、现行行业标准《城镇供水水质标准检验方法》CJ/T 141 等标准执行，并保证检测频率不低于每季一次，且其中至少有一次的检测指标满足年检指标要求。项目可根据管理需求选择是否对各类用水进行周检，本款对周检没有得分要求。水质检测频次与检测项目要求见表 6-2。

表 6-2 水质检测频次与检测项目

频率 用水类别	周检指标	季检指标	年检指标
生活饮用水	浑浊度、色度、臭和味、余氯、pH 值、溶解性总固体	在周检指标要求的基础上，增加硬度、菌落总数、总大肠菌群、COD_{Mn}	现行国家标准《生活饮用水卫生标准》GB 5749 中的全部常规指标 * 项目

续表 6-2

用水类别 \ 频率	周检指标	季检指标	年检指标
直饮水	细菌总数、总大肠菌群、粪大肠菌群、COD_{Mn}、浑浊度、pH值、余氯或臭氧	在周检指标要求的基础上，增加硬度、溶解性总固体	现行国家标准《生活饮用水卫生标准》GB 5749 中的全部常规指标*项目，现行行业标准《饮用净水水质标准》CJ 94 中的全部项目
游泳池池水	浑浊度、色度、臭和味、余氯、pH值、溶解性总固体	在周检指标要求的基础上，增加硬度、菌落总数、总大肠菌群、COD_{Mn}	现行行业标准《游泳池水质标准》CJ/T 244 中的全部项目
生活热水	浑浊度、色度、臭和味、余氯、pH值、溶解性总固体	在周检指标要求的基础上，增加硬度、菌落总数、总大肠菌群、COD_{Mn}、嗜肺军团菌	现行国家标准《生活饮用水卫生标准》GB 5749 中的常规指标*项目，现行行业标准《生活热水水质标准》CJ/T 521 中的全部项目
景观水体	浑浊度、色度、臭和味、余氯、pH值、溶解性总固体	在周检指标要求的基础上，增加菌落总数、总大肠菌群、COD_{Mn}	现行国家标准《城市污水再生利用　景观环境用水水质》GB/T 18921 中的全部项目
建筑中水	浑浊度、色度、臭和味、余氯、pH值、溶解性总固体	在周检指标要求的基础上，增加菌落总数、总大肠菌群、COD_{Mn}	中水用途对应的现行国家标准**中的全部项目
市政再生水	浑浊度、色度、臭和味、余氯、pH值、溶解性总固体	在周检指标要求的基础上，增加菌落总数、总大肠菌群、COD_{Mn}	再生水用途对应的现行国家标准**中的全部项目
回用雨水	浑浊度、色度、臭和味、余氯、pH 值、溶解性总固体、SS、COD_{cr}	在周检指标要求的基础上，增加菌落总数、总大肠菌群	雨水用途对应的现行国家标准**中的全部项目

注：1 * 如项目所在地供水行政主管部门和卫生行政部门对现行国家标准《生活饮用水卫生标准》GB 5749 中的非常规指标有检测要求的，也应列入年检指标。

2 ** 用于冲厕、绿化灌溉、洗车、道路浇洒、景观水体的用水应符合现行国家标准《城市污水再生利用　城市杂用水水质》GB/T 18920、《城市污水再生利用　绿地灌溉水质》GB/T 25499、《城市污水再生利用　景观环境用水水质》GB/T 18921 的要求，雨水回用尚应符合现行国家标准《建筑与小区雨水控制及利用工程技术规范》GB 50400 的要求。

3 项目水质检测按周检频率实施时，除满足表中周检指标要求外，还应满足季检和年检要求；水质检测按季检频率实施时，除满足表中季检指标要求外，还应满足年检要求。

第 3、4 款所要求的能耗诊断和水质检测，既可由物业管理部门自检，也可委托具有资质的第三方检测机构进行定期检测。要求各类用水水质的年检委托具有资质的第三方检测机构进行。

【具体评价方式】

本条适用于各类民用建筑的评价。在项目投入使用前评价，本条不得分。

评价第 1 款，查阅由物业管理团队制定的、与绿色建筑运营效果评估相关的工作制度文件，重点审核工作制度是否包括开展绿色建筑运营效果评估工作的责任分工、时间安排和具体流程等内容。

评价第 2 款，查阅各类公共设备设施最近一年的巡检、调适、维保、标定记录，重点审核记录是否完整、是否包括时间、巡检员和部门配合人员的签名、及发现问题后的整改情况。

评价第 3 款，查阅能耗管理制度、历年的能耗记录、节能诊断评估报告、优化方案，重点审核能耗记录数据是否全面、报告是否明确项目所处的节能水平及优化潜力、方案是否明确了优化目标及措施。

评价第 4 款，查阅水质检测管理制度、历年的水质检测记录、检测报告、整改记录及公示记录。

6.2.13 建立绿色教育宣传和实践机制，编制绿色设施使用手册，形成良好的绿色氛围，并定期开展使用者满意度调查，评价总分值为 8 分，并按下列规则分别评分并累计：

1 每年组织不少于 2 次的绿色建筑技术宣传、绿色生活引导、灾害应急演练等绿色教育宣传和实践活动，并有活动记录，得 2 分；

2 具有绿色生活展示、体验或交流分享的平台，并向使用者提供绿色设施使用手册，得 3 分；

3 每年开展 1 次针对建筑绿色性能的使用者满意度调查，且根据调查结果制定改进措施并实施、公示，得 3 分。

【条文说明扩展】

第 1 款，绿色教育宣传可通过制作宣传海报、组织培训与宣传教育会议、组织参观、媒体报道等方式实现，可包括：

（1）开展绿色建筑新技术新产品展示、技术交流和教育培训，宣传绿色建筑的基础知识、设计理念和技术策略。

（2）宣传引导节约意识和行为，如纠正并杜绝开窗运行空调、无人照明、无人空调等不良习惯，促进绿色建筑的推广应用。

（3）在公共场所显示绿色建筑的节能、节水、减排成果和环境数据。

（4）对于绿色行为（如垃圾分类收集等）的奖惩办法。

第 2 款，利用实体平台或网络平台开展展示体验、交流分享、宣传推广活动，例如建立绿色生活的体验小站、旧物置换、步数绿色积分、绿色小天使亲子活动等。绿色设施使用手册是为建筑使用者及物业管理人员提供的各类设备设施的功能、作用及使用说明的文件。绿色设施包括建筑设备管理系统、节能灯具、遮阳设施、可再生能源系统、非传统水源系统、节水器具、节水绿化灌溉设施、垃圾分类处理设施等。

第3款，定期用户调查是了解用户满意程度的有效措施，在“调查—提升—反馈”的循环过程中不断改进。问卷调查工作一年不少于一次，调查内容至少包括下列大类中所涉及的内容：①声环境；②热舒适（供暖季和空调季，至少各调查一次）；③采光与照明；④室内空气质量（异味、不通风以及其他空气质量问题）；⑤服务设施保洁和维护；⑥物业服务水平。调查要着重关注节能节水、物业管理、秩序与安全、车辆管理、公共环境、建筑外墙维护等。根据问卷结果制定改进计划和措施，进行有针对性的改进。

【具体评价方式】

本条适用于各类民用建筑的评价。在项目投入使用前评价，本条不得分。

评价第1款，查阅物业管理部门素质的绿色教育宣传实践活动的内容和存档记录。

评价第2款，查阅所建立的实体或网络平台及活动开展情况，绿色设施使用手册及发放记录。

评价第3款，查阅使用者满意度调查工作记录、年度调查报告及整改方案等。

7 资 源 节 约

7.1 控 制 项

7.1.1 应结合场地自然条件和建筑功能需求，对建筑的体形、平面布局、空间尺度、围护结构等进行节能设计，且应符合国家有关节能设计的要求。

【条文说明扩展】

首先，符合国家现行标准强制性条文是本条的前提。具体是：《公共建筑节能设计标准》GB 50189－2015 强制性条文第 3.2.1、3.2.7、3.3.1、3.3.2、3.3.7 条，《严寒和寒冷地区居住建筑节能设计标准》JGJ 26－2018 第 4.1.3、4.1.4、4.1.5、4.1.14、4.2.1、4.2.2、4.2.6 条，《夏热冬冷地区居住建筑节能设计标准》JGJ 134－2010 第 4.0.3、4.0.4、4.0.5、4.0.9 条，《夏热冬暖地区居住建筑节能设计标准》JGJ 75－2012 第 4.0.4、4.0.5、4.0.6、4.0.7、4.0.8、4.0.10、4.0.13 条，《温和地区居住建筑节能设计标准》JGJ 475－2019 第 4.2.1、4.2.2、4.3.6、4.4.3 条。主要指标包括体形系数、围护结构传热系数、太阳得热系数或遮阳系数、窗墙面积比等。

在此基础上，绿色建筑设计首要考虑因地制宜，不仅仅需要考虑当地气候条件，建筑形体、尺度以及建筑物的平面布局都要进行综合统筹协调和分析优化。绿色建筑设计还应在综合考虑基地容积率、限高、绿化率、交通等功能因素基础上，统筹考虑冬夏季节能需求，优化设计体形、朝向和窗墙比。建筑设计还强化“空间节能优先”原则的重点要求，优化体形、空间平面布局，包括合理控制建筑空调供暖的规模、区域和时间，合理增加不空调供暖的空间和时间，合理降低功能空调的设计运行标准，实现对建筑的自然通风和天然采光的优先利用，降低供暖空调照明负荷，降低建筑能耗。

《公共建筑节能设计标准》GB 50189－2015

3.1.3 建筑群的总体规划应考虑减轻热岛效应。建筑的总体规划和总平面设计应有利于自然通风和冬季日照。建筑的主朝向宜选择本地区最佳朝向或适宜朝向，且宜避开冬季主导风向。

3.1.4 建筑设计应遵循被动节能措施优先的原则，充分利用自然采光、自然通风，结合围护结构保温隔热和遮阳措施，降低建筑的用能需求。

3.1.5 建筑体形宜规整紧凑，避免过多的凹凸变化。

《严寒和寒冷地区居住建筑节能设计标准》JGJ 26－2018

4.1.1 建筑群的总体布置，单体建筑的平面、立面设计，应考虑冬季利用日照并避开冬季主导风向，严寒和寒冷A区建筑的出入口应考虑防风设计，寒冷B区应考虑夏季通风。

4.1.2 建筑物宜朝向南北或接近朝向南北。建筑物不宜设有三面外墙的房间，一个房间不宜在不同方向的墙面上设置两个或更多的窗。

《夏热冬冷地区居住建筑节能设计标准》JGJ 134－2010

4.0.1 建筑群的总体布置，单体建筑的平面、立面设计和门窗的设置应有利于自然通风。

4.0.2 建筑物宜朝向南北或接近朝向南北。

《夏热冬暖地区居住建筑节能设计标准》JGJ 75－2012

4.0.1 建筑群的总体规划应有利于自然通风和减轻热岛效应。建筑的平面、立面设计应有利于自然通风。

4.0.2 居住建筑的朝向宜采用南北向或接近南北向。

4.0.3 北区内，单元式、通廊式住宅的体形系数不宜大于0.35，塔式住宅的体形系数不宜大于0.40。

《温和地区居住建筑节能设计标准》JGJ 475－2019

4.1.1 建筑群的总体规划和建筑单体设计，宜利用太阳能改善室内热环境，并宜满足夏季自然通风和建筑遮阳的要求。建筑物的主要房间开窗宜避开冬季主导风向。山地建筑的选址宜避开背阴的北坡地段。

4.1.2 居住建筑的朝向宜为南北向或接近南北向。

4.1.3 温和A区居住建筑的体形系数限值不应大于表4.1.3的规定。当体形系数限值大于表4.1.3的规定时，应进行建筑围护结构热工性能的权衡判断，并应符合本标准第5章的规定。

表4.1.3 温和A区居住建筑体形系数限值

建筑层数	≤3层	(4～6)层	(7～11)层	≥12层
建筑的体形系数	0.55	0.45	0.40	0.35

4.3.1 居住建筑应根据基地周围的风向，布局建筑及周边绿化景观，设置建筑朝向与主导风向之间的夹角。

4.3.2 温和B区居住建筑主要房间宜布置于夏季迎风面，辅助用房宜布置于背风面。

4.3.3 未设置通风系统的居住建筑，户型进深不应超过12m。

4.3.5 温和A区居住建筑的外窗有效通风面积不应小于外窗所在房间地面面积的5%。

【具体评价方式】

本条适用于各类民用建筑的预评价、评价。对于住宅建筑，如果建筑体形简单、朝向接近正南正北，楼间距、窗墙比、围护结构热工性能也满足标准要求，本条可直接通过；对于公共建筑，一般应提供空间节能设计的分析报告。此外，如果经过优化后建筑各朝向窗墙比都低于0.5，围护结构热工性能也满足要求，也可直接通过。

预评价查阅总图、场地地形图、建筑鸟瞰图、单体效果图、人群视点透视图、平立剖面图、设计说明等设计文件，建筑节能计算书，建筑日照模拟计算报告，及当地建筑节能审查相关文件。如不满足前述直接通过要求，还应查阅对于建筑的朝向、体形、窗墙比的优化设计及满足标准要求的分析报告。

评价查阅预评价涉及内容的竣工文件，建筑节能计算书，建筑日照模拟计算报告，及当地建筑节能审查相关文件、节能工程验收记录。如不满足前述直接通过要求，还应查阅对于建筑的朝向、体形、窗墙比的优化设计及满足标准要求的分析报告。

注意：对于仅按地方建筑节能设计标准进行设计的情况，尚应论证地方标准要求等同、等效或严于国家相关标准。

7.1.2 应采取措施降低部分负荷、部分空间使用下的供暖、空调系统能耗，并应符合下列规定：

1 应区分房间的朝向细分供暖、空调区域，并应对系统进行分区控制；

2 空调冷源的部分负荷性能系数（*IPLV*）、电冷源综合制冷性能系数（*SCOP*）应符合现行国家标准《公共建筑节能设计标准》GB 50189的规定。

【条文说明扩展】

第1款，供暖及空调系统应按照使用时间、不同温湿度要求、房间朝向和功能分区等进行分区分级设计，避免全空间、全时间和盲目采用高标准供暖空调设计，同时提供分区控制策略，则认为满足本款要求。

第2款，需定量考察2个指标是否满足国家标准《公共建筑节能设计标准》GB 50189-2015规定。

国家标准《公共建筑节能设计标准》GB 50189-2015

4.2.11 电机驱动的蒸气压缩循环冷水（热泵）机组的综合部分负荷性能系数（*IPLV*）应符合下列规定：

1 综合部分负荷性能系数（*IPLV*）计算方法应符合本标准第4.2.13条的规定；

2 水冷定频机组的综合部分负荷性能系数（*IPLV*）不应低于表4.2.11的数值；

3 水冷变频离心式冷水机组的综合部分负荷性能系数（*IPLV*）不应低于表4.2.11中水冷离心式冷水机组限值的1.30倍；

4 水冷变频螺杆式冷水机组的综合部分负荷性能系数（*IPLV*）不应低于表4.2.11中水冷螺杆式冷水机组限值的1.15倍。

表4.2.11 冷水（热泵）机组综合部分负荷性能系数（*IPLV*）

类型		名义制冷量 CC（kW）	综合部分负荷性能系数 IPLV					
			严寒A、B区	严寒C区	温和地区	寒冷地区	夏热冬冷地区	夏热冬暖地区
水冷	活塞式/涡旋式	CC≤528	4.90	4.90	4.90	4.90	5.05	5.25

续表 4.2.11

类型		名义制冷量 CC (kW)	综合部分负荷性能系数 *IPLV*					
			严寒 A、B区	严寒 C区	温和地区	寒冷地区	夏热冬冷地区	夏热冬暖地区
水冷	螺杆式	CC≤528	5.35	5.45	5.45	5.45	5.55	5.65
		528<CC≤1163	5.75	5.75	5.75	5.85	5.90	6.00
		CC>1163	5.85	5.95	6.10	6.20	6.30	6.30
	离心式	CC≤1163	5.15	5.15	5.25	5.35	5.45	5.55
		1163<CC≤2110	5.40	5.50	5.55	5.60	5.75	5.85
		CC>2110	5.95	5.95	5.95	6.10	6.20	6.20
风冷或蒸发冷却	活塞式/涡旋式	CC≤50	3.10	3.10	3.10	3.10	3.20	3.20
		CC>50	3.35	3.35	3.35	3.35	3.40	3.45
	螺杆式	CC≤50	2.90	2.90	2.90	3.00	3.10	3.10
		CC>50	3.10	3.10	3.10	3.20	3.20	3.20

4.2.17 采用多联式空调（热泵）机组时，其在名义制冷工况和规定条件下的制冷综合性能系数 *IPLV*（C）不应低于表 4.2.17 的数值。

表 4.2.17 名义制冷工况和规定条件下多联式空调（热泵）机组制冷综合性能系数 *IPLV*（C）

名义制冷量 CC（kW）	**制冷综合性能系数 *IPLV*（C）**					
	严寒 A、B区	**严寒 C区**	**温和地区**	**寒冷地区**	**夏热冬冷地区**	**夏热冬暖地区**
CC≤28	**3.80**	**3.85**	**3.85**	**3.90**	**4.00**	**4.00**
28<CC≤84	**3.75**	**3.80**	**3.80**	**3.85**	**3.95**	**3.95**
CC>84	**3.65**	**3.70**	**3.70**	**3.75**	**3.80**	**3.80**

4.2.12 空调系统的电冷源综合制冷性能系数（*SCOP*）不应低于表 4.2.12 的数值。对多台冷水机组、冷却水泵和冷却塔组成的冷水系统，应将实际参与运行的所有设备的名义制冷量和耗电功率综合统计计算，当机组类型不同时，其限值应按冷量加权的方式确定。

表 4.2.12 空调系统的电冷源综合制冷性能系数（*SCOP*）

类型		名义制冷量 CC（kW）	综合制冷性能系数 *SCOP*（W/W）					
			严寒 A、B区	严寒 C区	温和地区	寒冷地区	夏热冬冷地区	夏热冬暖地区
水冷	活塞式/涡旋式	CC≤528	3.3	3.3	3.3	3.3	3.4	3.6
	螺杆式	CC≤528	3.6	3.6	3.6	3.6	3.6	3.7
		528<CC≤1163	4	4	4	4	4.1	4.1
		CC>1163	4	4.1	4.2	4.4	4.4	4.4
	离心式	CC≤1163	4	4	4	4.1	4.1	4.2
		1163<CC<2110	4.1	4.2	4.2	4.4	4.4	4.5
		CC≥2110	4.5	4.5	4.5	4.5	4.6	4.6

【具体评价方式】

本条适用于各类民用建筑的预评价、评价。空调方式采用分体式以及多联式空调的，第1款直接通过（但前提是其供暖系统也满足本款要求，或没有供暖需求）。

预评价查阅暖通专业的设计说明、设备表、风系统图、水系统图等设计文件，部分负荷性能系数（*IPLV*）计算书、电冷源综合制冷性能系数（*SCOP*）计算书，重点审查分区控制策略。

评价查阅预评价涉及内容的竣工文件，还查阅部分负荷性能系数（*IPLV*）计算书、电冷源综合制冷性能系数（*SCOP*）计算书，重点审查分区控制策略。

7.1.3 应根据建筑空间功能设置分区温度，合理降低室内过渡区空间的温度设定标准。

【条文说明扩展】

室内过渡空间是指门厅、中庭、走廊以及高大空间中超出人员活动范围的空间，由于其较少或没有人员停留，或人员停留时间较短，可适当降低温度标准。

《民用建筑供暖通风与空调设计规范》GB 50736－2012

3.0.2（2）人员短期逗留区域空调供冷工况室内设计参数宜比长期逗留区域提高1℃～2℃，供热工况宜降低1℃～2℃。短期逗留区域供冷工况风速不宜大于0.5m/s，供热工况风速不宜大于0.3m/s。

【具体评价方式】

本条适用于民用建筑的预评价、评价。对于室内过渡空间无须供暖空调的项目，本条直接通过。

预评价查阅暖通空调专业设计说明、暖通设计计算书、过渡空间温度控制策略等设计文件。

评价查阅预评价涉及内容的竣工文件。

7.1.4 主要功能房间的照明功率密度值不应高于现行国家标准《建筑照明设计标准》GB 50034规定的现行值；公共区域的照明系统应采用分区、定时、感应等节能控制；采光区域的照明控制应独立于其他区域的照明控制。

【条文说明扩展】

本条第1分句要求照明功率密度（*LPD*）。主要功能房间定义为现行国家标准《建筑照明设计标准》GB 50034对各类建筑的*LPD*要求中明确列出的房间或场所；对于混合功能建筑，则需对应多类建筑的要求，例如商住楼需同时对应住宅建筑和商店建筑的房间或场所。对于住宅建筑，其各类房间的*LPD*限值是统一要求的，故在评价时可以每套作为一个整体进行评价。

国家标准《建筑照明设计标准》GB 50034－2013

6.3.1 住宅建筑每户照明功率密度限值宜符合表6.3.1的规定。

表6.3.1 住宅建筑每户照明功率密度限值

房间或场所	照度标准值(lx)	照明功率密度限值（W/m²）	
		现行值	目标值
起居室	100	≤6.0	≤5.0
卧室	75		
餐厅	150		
厨房	100		
卫生间	100		
职工宿舍	100	≤4.0	≤3.5
车库	30	≤2.0	≤1.8

6.3.2 图书馆建筑照明功率密度限值应符合表6.3.2的规定。

表6.3.2 图书馆建筑照明功率密度限值

房间或场所	照度标准值(lx)	照明功率密度限值（W/m²）	
		现行值	目标值
一般阅览室、开放式阅览室	300	≤9.0	≤8.0
目录厅（室）、出纳室	300	≤11.0	≤10.0
多媒体阅览室	300	≤9.0	≤8.0
老年阅览室	500	≤15.0	≤13.5

6.3.3 办公建筑和其他类型建筑中具有办公用途场所的照明功率密度限值应符合表6.3.3的规定。

表6.3.3 办公建筑和其他类型建筑中具有办公用途场所照明功率密度限值

房间或场所	照度标准值(lx)	照明功率密度限值（W/m²）	
		现行值	目标值
普通办公室	**300**	**≤9.0**	**≤8.0**
高档办公室、设计室	**500**	**≤15.0**	**≤13.5**
会议室	**300**	**≤9.0**	**≤8.0**
服务大厅	**300**	**≤11.0**	**≤10.0**

6.3.4 商店建筑照明功率密度限值应符合表6.3.4的规定。当商店营业厅、高档商店营业厅、专卖店营业厅需装设重点照明时，该营业厅的照明功率密度限值应增加5W/m²。

表 6.3.4 商店建筑照明功率密度限值

房间或场所	照度标准值 (lx)	照明功率密度限值 (W/m²)	
		现行值	目标值
一般商店营业厅	300	≤10.0	≤9.0
高档商店营业厅	500	≤16.0	≤14.5
一般超市营业厅	300	≤11.0	≤10.0
高档超市营业厅	500	≤17.0	≤15.5
专卖店营业厅	300	≤11.0	≤10.0
仓储超市	300	≤11.0	≤10.0

6.3.5 旅馆建筑照明功率密度限值应符合表 6.3.5 的规定。

表 6.3.5 旅馆建筑照明功率密度限值

房间或场所	照度标准值 (lx)	照明功率密度限值 (W/m²)	
		现行值	目标值
客房	—	≤7.0	≤6.0
中餐厅	200	≤9.0	≤8.0
西餐厅	150	≤6.5	≤5.5
多功能厅	300	≤13.5	≤12.0
客房层走廊	50	≤4.0	≤3.5
大堂	200	≤9.0	≤8.0
会议室	300	≤9.0	≤8.0

6.3.6 医疗建筑照明功率密度限值应符合表 6.3.6 的规定。

表 6.3.6 医疗建筑照明功率密度限值

房间或场所	照度标准值 (lx)	照明功率密度限值 (W/m²)	
		现行值	目标值
治疗室、诊室	300	≤9.0	≤8.0
化验室	500	≤15.0	≤13.5
候诊室、挂号厅	200	≤6.5	≤5.5
病房	100	≤5.0	≤4.5
护士站	300	≤9.0	≤8.0
药房	500	≤15.0	≤13.5
走廊	100	≤4.5	≤4.0

6.3.7 教育建筑照明功率密度限值应符合表 6.3.7 的规定。

表 6.3.7 教育建筑照明功率密度限值

房间或场所	照度标准值 (lx)	照明功率密度限值 (W/m²)	
		现行值	目标值
教室、阅览室	300	≤9.0	≤8.0
实验室	300	≤9.0	≤8.0
美术教室	500	≤15.0	≤13.5
多媒体教室	300	≤9.0	≤8.0
计算机教室、电子阅览室	500	≤15.0	≤13.5
学生宿舍	150	≤5.0	≤4.5

6.3.8 博览建筑照明功率密度限值应符合下列规定：

1 美术馆建筑照明功率密度限值应符合表 6.3.8-1 的规定；

2 科技馆建筑照明功率密度限值应符合表 6.3.8-2 的规定；

3 博物馆建筑其他场所照明功率密度限值应符合表 6.3.8-3 的规定。

表 6.3.8-1 美术馆建筑照明功率密度限值

房间或场所	照度标准值 (lx)	照明功率密度限值 (W/m²)	
		现行值	目标值
会议报告厅	300	≤9.0	≤8.0
美术品售卖区	300	≤9.0	≤8.0
公共大厅	200	≤9.0	≤8.0
绘画展厅	100	≤5.0	≤4.5
雕塑展厅	150	≤6.5	≤5.5

表 6.3.8-2 科技馆建筑照明功率密度限值

房间或场所	照度标准值 (lx)	照明功率密度限值 (W/m²)	
		现行值	目标值
科普教室	300	≤9.0	≤8.0
会议报告厅	300	≤9.0	≤8.0
纪念品售卖区	300	≤9.0	≤8.0
儿童乐园	300	≤10.0	≤8.0
公共大厅	200	≤9.0	≤8.0
常设展厅	200	≤9.0	≤8.0

表 6.3.8-3 博物馆建筑其他场所照明功率密度限值

房间或场所	照度标准值 (lx)	照明功率密度限值 (W/m²)	
		现行值	目标值
会议报告厅	300	≤9.0	≤8.0
美术制作室	500	≤15.0	≤13.5
编目室	300	≤9.0	≤8.0
藏品库房	75	≤4.0	≤3.5
藏品提看室	150	≤5.0	≤4.5

6.3.9 会展建筑照明功率密度限值应符合表 6.3.9 的规定。

表 6.3.9 会展建筑照明功率密度限值

房间或场所	照度标准值（lx）	照明功率密度限值（W/m²）	
		现行值	目标值
会议室、洽谈室	300	≤9.0	≤8.0
宴会厅、多功能厅	300	≤13.5	≤12.0
一般展厅	200	≤9.0	≤8.0
高档展厅	300	≤13.5	≤12.0

6.3.10 交通建筑照明功率密度限值应符合表 6.3.10 的规定。

表 6.3.10 交通建筑照明功率密度限值

房间或场所		照度标准值（lx）	照明功率密度限值（W/m²）	
			现行值	目标值
候车（机、船）室	普通	150	≤7.0	≤6.0
	高档	200	≤9.0	≤8.0
中央大厅、售票大厅		200	≤9.0	≤8.0
行李认领、到达大厅、出发大厅		200	≤9.0	≤8.0
地铁站厅	普通	100	≤5.0	≤4.5
	高档	200	≤9.0	≤8.0
地铁进出站门厅	普通	150	≤6.5	≤5.5
	高档	200	≤9.0	≤8.0

6.3.11 金融建筑照明功率密度限值应符合表 6.3.11 的规定。

表 6.3.11 金融建筑照明功率密度限值

房间或场所	照度标准值（lx）	照明功率密度限值（W/m²）	
		现行值	目标值
营业大厅	200	≤9.0	≤8.0
交易大厅	300	≤13.5	≤12.0

6.3.14 当房间或场所的室形指数值等于或小于 1 时，其照明功率密度限值应增加，但增加值不应超过限值的 20%。

6.3.15 当房间或场所的照度标准值提高或降低一级时，其照明功率密度限值应按比例提高或折减。

6.3.16 设装饰性灯具场所，可将实际采用的装饰性灯具总功率的 50%计入照明功率密度值的计算。

本条第 2 分句要求公共区域照明节能控制。照明系统分区需满足自然光利用、功能和作息差异的要求。对于公共区域（包括走廊、楼梯间、大堂、门厅、地下停车场等场所）应采用分区控制，并可根据场所活动特点选择定时、感应等节能控制措施。如楼梯间采取声控、光控或人体感应控制；走廊、地下车库可采用定时或其他的集中控制方式。

《建筑照明设计标准》GB 50034－2013

7.3.1 公共建筑和工业建筑的走廊、楼梯间、门厅等公共场所的照明，宜按建筑使用条件和天然采光状况采取分区、分组控制措施。

7.3.2 公共场所应采用集中控制，并按需要采取调光或降低照度的控制措施。

7.3.4 住宅建筑共用部位的照明，应采用延时自动熄灭或自动降低照度等节能措施。当应急疏散照明采用节能自熄开关时，应采取消防时强制点亮的措施。

《民用建筑电气设计规范》JGJ 16－2008

10.6.10 正确选择照明方案，并应优先采用分区一般照明方式。

10.6.13 应根据环境条件、使用特点合理选择照明控制方式，并应符合下列规定：

1 应充分利用天然光，并应根据天然光的照度变化控制电气照明的分区；

2 根据照明使用特点，应采取分区控制灯光或适当增加照明开关点；

3 公共场所照明、室外照明宜采用集中遥控节能管理方式或采用自动光控装置。

10.6.14 应采用定时开关、调光开关、光电自动控制器等节电开关和照明智能控制系统等管理措施。

本条第3分句要求采光区域的照明控制。对于侧面采光，采光区域可参照国家标准《建筑采光设计标准》GB 50033－2013第6.0.1条规定的采光有效进深确定（表6.0.1）；对于平天窗采光，采光区域包括天窗水平投影区域以及与该投影边界的距离不大于顶棚高度的0.7倍的区域；对于锯齿形天窗，采光区域为天窗照射方向不大于窗下沿高度的水平距离范围。

《建筑采光设计标准》GB 50033－2013

表6.0.1 窗地面积比和采光有效进深

采光等级	侧面采光		顶部采光
	窗地面积比 (A_c/A_d)	采光有效进深 (b/h_s)	窗地面积比 (A_c/A_d)
Ⅰ	1/3	1.8	1/6
Ⅱ	1/4	2.0	1/8
Ⅲ	1/5	2.5	1/10
Ⅳ	1/6	3.0	1/13
Ⅴ	1/10	4.0	1/23

注：表中b为房间的进深或跨度，h_s为参考平面至窗上沿高度，单位均为m。

【具体评价方式】

本条适用于各类民用建筑的预评价、评价。

预评价查阅电气专业设计说明（包含照明设计要求、照明设计标准、照明控制措施等）、照明系统图、平面施工图等设计文件，照明功率密度计算分析报告。

评价查阅预评价涉及内容的竣工文件，还查阅照明功率密度计算分析报告及现场检测报告。

7.1.5 冷热源、输配系统和照明等各部分能耗应进行独立分项计量。

【条文说明扩展】

《民用建筑节能条例》第十八条规定："实行集中供热的建筑应当安装供热系统调控装置、用热计量装置和室内温度调控装置；公共建筑还应当安装用电分项计量装置。住宅建筑安装的用热计量装置应当满足分户计量的要求。计量装置应当依法检定合格。"

住房和城乡建设部2008年发布的《国家机关办公建筑和大型公共建筑能耗监测系统分项能耗数据采集技术导则》中对国家机关办公建筑和大型公共建筑能耗监测系统的建设提出指导性做法，要求电量分为照明插座用电、空调用电、动力用电和特殊用电。

照明插座用电可包括专用区域照明插座用电、公共区域照明插座用电、室外景观照明用电等子项；空调用电可包括冷热站用电、空调末端用电等子项；动力用电包括电梯用电、水泵用电、通风机用电等子项。

同时发布的《国家机关办公建筑和大型公共建筑能耗监测系统楼宇分项计量设计安装技术导则》则进一步规定以下回路应设置分项计量表计：

1）变压器低压侧出线回路；

2）单独计量的外供电回路；

3）特殊区供电回路；

4）制冷机组主供电回路；

5）单独供电的冷热源系统附泵回路；

6）集中供电的分体空调回路；

7）照明插座主回路；

8）电梯回路；

9）其他应单独计量的用电回路。

对于公共建筑，除应符合前述规定外，还要求采用集中冷热源的公共建筑考虑使冷热源装置的冷量热量、热水等能耗都能实现独立分项计量。

对于住宅建筑，不要求户内各路用电的单独分项计量，但应实现分户计量；住宅公共区域参考前述公共建筑执行。

【具体评价方式】

本条适用于各类民用建筑的预评价、评价。

预评价查阅电气、水、暖等相关专业的设计说明、给水、热水、中水系统图、供暖空调系统水系统图、远程计量系统图（若有）、电气计量表计所涉及的电气低压配电系统图、配电箱系统图、暖通空调冷热源机房、计量小室及其控制系统图、各类计量表计的设置要求及位置等设计文件。

评价查阅预评价涉及内容的竣工文件，还查阅各类计量表计订货资料及表计校准资料、设备材料表。

7.1.6 垂直电梯应采取群控、变频调速或能量反馈等节能措施；自动扶梯应采用变频感应启动等节能控制措施。

【条文说明扩展】

建筑物设置了两部及以上垂直电梯且在一个电梯厅时才考虑群控。对垂直电梯，应具有群控、变频调速拖动、能量再生回馈等至少一项技术。对于扶梯，应采用变频感应启动技术来降低使用能耗。如同时采用垂直电梯和扶梯，需同时满足上述要求。能量反馈装置，一般应用于高层建筑时效果明显，可参见国家标准《电梯能量回馈装置》GB/T 32271。

现行行业标准《民用建筑电气设计规范》JGJ 16，及特定类型建筑电气设计规范（例如《交通建筑电气设计规范》JGJ 243、《会展建筑电气设计规范》JGJ 333）均有电梯节能、控制的相关条款。电梯和扶梯的节能控制措施包括但不限于电梯群控、扶梯感应启停及变频、轿厢无人自动关灯、驱动器休眠等。

【具体评价方式】

本条适用于各类民用建筑的预评价、评价。未设置电梯、扶梯的建筑，本条直接通过。

预评价查阅相关建筑专业设计说明、设备表等设计文件，电梯与自动扶梯人流平衡计算分析报告。

评价查阅预评价涉及内容的竣工文件，还查阅电梯与自动扶梯人流平衡计算分析报告，电梯及扶梯订货产品资料，产品型式检验报告。

7.1.7 应制定水资源利用方案，统筹利用各种水资源，并应符合下列规定：

1 应按使用用途、付费或管理单元，分别设置用水计量装置；

2 用水点处水压大于0.2MPa的配水支管应设置减压设施，并应满足给水配件最低工作压力的要求；

3 用水器具和设备应满足节水产品的要求。

【条文说明扩展】

水资源利用方案包含下列内容：

（1）当地政府规定的节水要求、地区水资源状况、气象资料、地质条件及市政设施情况等；

（2）项目概况。当项目包含多种建筑类型，如住宅、办公建筑、旅馆、商场、会展建筑等时，可统筹考虑项目内水资源的综合利用；

（3）确定节水用水定额、编制水量计算表及水量平衡表；

（4）给水排水系统设计方案介绍；

（5）采用的节水器具、设备和系统的相关说明；

（6）非传统水源利用方案。对雨水、再生水及海水等水资源利用的技术经济可行性进行分析和研究，进行水量平衡计算，确定雨水、再生水及海水等水资源的利用方法、规模、处理工艺流程等；

（7）景观水体补水严禁采用市政供水和自备地下水井供水，可以采用地表水和非传统水源；取用建筑场地外的地表水时，应事先取得当地政府主管部门的许可；采用雨水和建筑中水作为水源时，水景规模应根据设计可收集利用的雨水或中水量确定。景观水体的水质根据水景功能性质不同，应不低于现行国家标准的相关要求，具体水质标准详见第5.2.3条内容。

当项目水资源利用方案与设计文件不符时，以设计文件为评判依据。

第1款，使用用途包括厨房、卫生间、空调、游泳池、绿化、景观、浇洒道路、洗车等；付费或管理单元，例如住宅各户、商场各商铺等。

第2款，给水系统设计时应采取措施控制超压出流现象，应合理进行压力分区，并适当地采取支管减压措施，避免造成浪费。当选用自带减压装置或恒压出水的用水器具时，该部分管线的工作压力满足相关设计规范的要求即可，但应明确设计要求并提供产品样本。当建筑因功能需要，选用有特殊压力要求的用水器具或设备时，如选用的用水器具或设备有用水效率等级国家标准时，应选用用水效率等级不低于2级及以上的产品，如选用的用水器具或设备无用水效率等级国家标准时，应选用节水型产品，并提供同类产品平均用水量情况说明。

第3款，所有用水器具应满足现行国家标准《节水型产品通用技术条件》GB/T 18870的要求，该标准规定了用水器具、灌溉设备、冷却塔、输水管及管件等节水型产品的定义及常用节水型产品的评价指标和测试方法。除特殊功能需求外，均应采用节水型用水器具。

【具体评价方式】

本条适用于各类民用建筑的预评价、评价。

预评价查阅水表分级设置示意图、各层用水点用水压力计算图表、用水器具节水性能要求说明等设计文件，水资源利用方案及其在设计中的落实情况说明。

评价查阅预评价涉及内容的竣工文件，还查阅水资源利用方案及其在项目中的落实情况，节水器具、设备和系统的产品说明书、用水器具产品节水性能检测报告。

7.1.8 不应采用建筑形体和布置严重不规则的建筑结构。

【条文说明扩展】

建筑设计应符合空间逻辑、使用逻辑。震害表明，简单、对称的建筑在地震时较不容易破坏。建筑设计应重视平面、立面和竖向剖面的规则性对抗震性能及经济合理性的影响。“规则”包含了对建筑的平、立面外形尺寸，抗侧力构件布置、质量分布，直至承载力分布等诸多因素的综合要求。严重不规则，指的是形体复杂，多项不规则指标超过国家标准《建筑抗震设计规范》GB 50011－2010（2016年版）第3.4.3条上限值或某一项大大超过规定值，具有现有技术和经济条件不能克服的严重的抗震薄弱环节，可能导致地震破坏的严重后果。

【具体评价方式】

本条适用于各类民用建筑的预评价、评价。

预评价查阅建筑、结构专业设计文件，建筑形体规则性判定报告（或特殊情况说明），重点审核报告中计算及其依据的合理性、建筑形体的规则性及其判定的合理性。

评价查阅预评价涉及内容的竣工文件，还查阅建筑形体规则性判定报告（或特殊情况说明），重点审核报告中计算及其依据的合理性、建筑形体的规则性及其判定的合理性。

7.1.9 建筑造型要素应简约，应无大量装饰性构件，并应符合下列规定：

1 住宅建筑的装饰性构件造价占建筑总造价的比例不应大于2%；

2 公共建筑的装饰性构件造价占建筑总造价的比例不应大于1%。

【条文说明扩展】

设置大量的没有功能的纯装饰性构件，不符合绿色建筑节约资源的要求。鼓励使用装饰和功能一体化构件，在满足建筑功能的前提之下，体现美学效果、节约资源。本条鼓励使用装饰和功能一体化构件，如结合遮阳功能的格栅、结合绿化布置的构架等，在满足建筑功能的前提下，体现美学效果、节约资源。

本条所指的装饰性构件主要包括以下三类：

1）超出安全防护高度2倍的女儿墙；

2）仅用于装饰的塔、球、曲面；

3）不具备功能作用的飘板、格栅、构架。

为更好地贯彻新时期建筑方针“适用、经济、绿色、美观”，兼顾公共建筑尤其是商业及文娱建筑的特殊性，本次对其装饰性构件造价比定为不应大于1%。

装饰性构件造价比例计算应以单栋建筑为单元，各单栋建筑的装饰性构件造价比例均应符合条文规定的比例要求。计算时，分子为各类装饰性构件造价之和，分母为单栋建筑的土建、安装工程总造价，不包括征地、装修等其他费用。

【具体评价方式】

本条适用于各类民用建筑的预评价、评价。

预评价查阅建筑效果图、立面图、剖面图等设计文件，装饰性构件的功能说明书（如有）及造价计算书，重点审核女儿墙高度、构件功能性、计算数据来源。

评价查阅预评价涉及内容的竣工文件，装饰性构件的功能说明书（如有）及造价计算书，重点审核女儿墙高度、构件功能性、计算数据来源。

7.1.10 选用的建筑材料应符合下列规定：

1 500km以内生产的建筑材料重量占建筑材料总重量的比例应大于60%；

2 现浇混凝土应采用预拌混凝土，建筑砂浆应采用预拌砂浆。

【条文说明扩展】

鼓励选用本地化建材，是减少运输过程的资源和能源消耗、降低环境污染的重要手段之一。本条第1款，所要求的500km是指建筑材料的最后一个生产或加工工厂到场地或施工现场的运输距离。在预评价阶段，设计说明中应提出选材要求。预评价阶段在设计说明中落实相关要求者视为通过。特殊地区因客观原因无法达到者提供相关说明由专家判定能否例外。

预拌混凝土和预拌砂浆产品性能稳定，易于保证工程质量，能够减少施工现场噪声和粉尘污染，节约能源、资源，减少材料损耗。本条第2款，预拌混凝土应符合现行国家标准《预拌混凝土》GB/T 14902的性能等级、原料和配合比、质量要求等有关规定。预拌砂浆应符合国家现行标准《预拌砂浆》GB/T 25181和《预拌砂浆应用技术规程》JGJ/T 223的材料、要求、制备等有关规定。若项目所在地无预拌混凝土或砂浆采购来源者，可提供相关说明，由专家判定能否例外。

【具体评价方式】

本条适用于各类民用建筑的预评价、评价。

预评价查阅结构施工图及设计说明、工程材料预算清单。第1款重点核查建材的最后一个生产或加工工厂或场地位置；第2款预拌混凝土和预拌砂浆的设计要求。

评价查阅预评价涉及内容的竣工文件，还查阅购销合同、材料用量清单及相关计算书等证明文件。第1款重点核查建材的最后一个生产或加工工厂或场地位置；第2款预拌混凝土和预拌砂浆的设计要求及使用情况。

7.2 评分项

Ⅰ 节地与土地利用

7.2.1 节约集约利用土地，评价总分值为20分，并按下列规则评分：

1 对于住宅建筑，根据其所在居住街坊人均住宅用地指标按表7.2.1-1的规则评分。

表7.2.1-1 居住街坊人均住宅用地指标评分规则

建筑气候区划	人均住宅用地指标 A（m^2）					得分
	平均3层及以下	平均4～6层	平均7～9层	平均10～18层	平均19层及以上	
Ⅰ、Ⅶ	$33<A\leqslant36$	$29<A\leqslant32$	$21<A\leqslant22$	$17<A\leqslant19$	$12<A\leqslant13$	15
	$A\leqslant33$	$A\leqslant29$	$A\leqslant21$	$A\leqslant17$	$A\leqslant12$	20
Ⅱ、Ⅵ	$33<A\leqslant36$	$27<A\leqslant30$	$20<A\leqslant21$	$16<A\leqslant17$	$12<A\leqslant13$	15
	$A\leqslant33$	$A\leqslant27$	$A\leqslant20$	$A\leqslant16$	$A\leqslant12$	20
Ⅲ、Ⅳ、Ⅴ	$33<A\leqslant36$	$24<A\leqslant27$	$19<A\leqslant20$	$15<A\leqslant16$	$11<A\leqslant12$	15
	$A\leqslant33$	$A\leqslant24$	$A\leqslant19$	$A\leqslant15$	$A\leqslant11$	20

2 对于公共建筑，根据不同功能建筑的容积率（R）按表7.2.1-2的规则评分。

表7.2.1-2 公共建筑容积率（R）评分规则

行政办公、商务办公、商业金融、旅馆饭店、交通枢纽等	教育、文化、体育、医疗卫生、社会福利等	得分
$1.0 \leqslant R < 1.5$	$0.5 \leqslant R < 0.8$	8
$1.5 \leqslant R < 2.5$	$R \geqslant 2.0$	12
$2.5 \leqslant R < 3.5$	$0.8 \leqslant R < 1.5$	16
$R \geqslant 3.5$	$1.5 \leqslant R < 2.0$	20

【条文说明扩展】

建设项目整体指标应满足所在地控制性详细规划的要求，通常是通过规划许可的“规划条件”提出控制要求。

第1款，现行国家标准《城市居住区规划设计标准》GB 50180对居住区的最小规模即居住街坊的人均住宅用地提出了明确的控制规定。居住街坊是指住宅建筑集中布局、由支路等城市道路围合（一般为$2hm^2$～$4hm^2$住宅用地，约300～1000套住宅）形成的居住基本单元。如果建设项目规模超过$4hm^2$，规划设计应开设道路对建设项目场地进行分割并形成符合规模要求的居住街坊，划分居住街坊的道路是城市道路（不可封闭管理）并应与城市道路系统有机衔接，分割后形成的居住街坊为本条指标评价的基本单元。

人均住宅用地指标计算方法是，居住街坊住宅用地面积与住宅总套数乘以所在地户均人口数之积的比值（保留整数位）；平均层数计算方法是，居住街坊内地上住宅建筑总面积与住宅建筑首层占地总面积的比值（保留整数位）；住宅建筑所在城市的气候区划，应符合现行国家标准《建筑气候区划标准》GB 50178的规定。人均住宅用地指标应扣除城市道路用地及其他非住宅用地，以街坊内净住宅用地进行计算。

第2款，在充分考虑公共建筑功能特征的基础上对建筑类型进行了分类，一类是容积率通常较高的行政办公、商务办公、商业金融、旅馆饭店、交通枢纽等设施，另一类是容积率不宜太高的教育、文化、体育、医疗卫生、社会福利等公共服务设施，并分别制定了评分规则。

【具体评价方式】

本条适用于各类民用建筑的预评价、评价。

预评价查阅规划许可给出的“规划条件”、建设用地规划许可证、建设项目规划设计总平面图及其综合技术指标或用地指标计算书。

评价查阅预评价涉及内容的竣工文件，还查阅用地指标计算书。

7.2.2 合理开发利用地下空间，评价总分值为12分，根据地下空间开发利用指标，按表7.2.2的规则评分。

表 7.2.2 地下空间开发利用指标评分规则

建筑类型	地下空间开发利用指标		得分
住宅建筑	地下建筑面积与地上建筑面积的比率 R_r 地下一层建筑面积与总用地面积的比率 R_p	$5\% \leqslant R_r < 20\%$	5
		$R_r \geqslant 20\%$	7
		$R_r \geqslant 35\%$ 且 $R_p < 60\%$	12
公共建筑	地下建筑面积与总用地面积之比 R_{p1} 地下一层建筑面积与总用地面积的比率 R_p	$R_{p1} \geqslant 0.5$	5
		$R_{p1} \geqslant 0.7$ 且 $R_p < 70\%$	7
		$R_{p1} \geqslant 1.0$ 且 $R_p < 60\%$	12

【条文说明扩展】

地下空间开发利用应与地上建筑及其他相关城市空间紧密结合、统一规划，满足安全、卫生、便利等要求。但从雨水渗透及地下水补给、减少径流外排等生态环保要求出发，地下空间的利用又应适度，因此本条对地下建筑占地即地下一层建筑面积与总用地面积的比率作了适当限制。

【具体评价方式】

本条适用于各类民用建筑的预评价、评价。由于地下空间的利用受诸多因素制约，因建筑规模、场地区位、地质条件等客观因素未利用地下空间的项目，经论证，确实不适宜开发地下空间的，本条可直接得分。

预评价查阅相关设计文件及地下空间利用计算书，不适宜开发地下空间的经济技术分析报告和说明（如有），重点审核地下空间设计的合理性。

评价查阅预评价涉及内容的竣工文件。

7.2.3 采用机械式停车设施、地下停车库或地面停车楼等方式，评价总分值为 8 分，并按下列规则评分：

1 住宅建筑地面停车位数量与住宅总套数的比率小于 10%，得 8 分。

2 公共建筑地面停车占地面积与其总建设用地面积的比率小于 8%，得 8 分。

【条文说明扩展】

国家标准《城市居住区规划设计标准》GB 50180－2018 第 5.0.6 条第 2 款规定“地上停车位应优先考虑设置多层停车库或机械式停车设施，地面停车位数量不宜超过住宅总套数的 10%”。公共图书馆等公共服务设施的建设用地指标中，也有明确的地面停车占地规定，一般控制在 8%左右。

【具体评价方式】

本条适用于各类民用建筑的预评价、评价。

预评价查阅建设项目规划设计总平面图（注明停车设施位置）等设计文件，地面停车率计算书，重点核查立体停车的设计与组织方式。

评价查阅预评价涉及内容的竣工文件，地面停车率计算书。

Ⅱ 节能与能源利用

7.2.4 优化建筑围护结构的热工性能，评价总分值为15分，并按下列规则评分：

1 围护结构热工性能比国家现行相关建筑节能设计标准规定的提高幅度达到5%，得5分；达到10%，得10分；达到15%，得15分。

2 建筑供暖空调负荷降低5%，得5分；降低10%，得10分；降低15%，得15分。

【条文说明扩展】

第1款要求的是外墙、屋顶、外窗、幕墙等围护结构主要部位的传热系数*K*、外窗/幕墙的遮阳系数*SC*（住宅建筑）或太阳得热系数*SHGC*（公共建筑）。公共建筑的对应标准主要是国家标准《公共建筑节能设计标准》GB 50189－2015第3.3.1、3.3.2条规定的围护结构传热系数、太阳得热系数；住宅建筑的对应标准是，行业标准《严寒和寒冷地区居住建筑节能设计标准》JGJ 26－2018第4.2.1、4.2.2、4.2.6条，《夏热冬冷地区居住建筑节能设计标准》JGJ 134－2010第4.0.4、4.0.5条、《夏热冬暖地区居住建筑节能设计标准》JGJ 75－2012第4.0.7、4.0.8条、《温和地区居住建筑节能设计标准》JGJ 475－2019第4.2.1、4.2.2、4.4.1条，所规定的围护结构传热系数、遮阳系数。本细则附录A列出了不同气候区居住和公共建筑围护结构热工性能更优的指标要求。

对于夏热冬暖地区，不要求其围护结构传热系数*K*进一步降低，只规定了其透明围护结构的太阳得热系数*SHGC*（公共建筑）或遮阳系数*SC*（住宅建筑）的降低要求。对于严寒和寒冷地区，不要求其透明围护结构的太阳得热系数*SHGC*或遮阳系数*SC*进一步提升（但窗墙比超过0.5的朝向除外），只对其围护结构（包括透明围护结构和非透明围护结构）的传热系数*K*提出更高要求。

第2款，适用于所有气候区所有建筑类型。特别是对于围护结构没有限值要求的建筑，以及室内发热量超过$40W/m^2$的公共建筑，应优先采用第2款判定。应计算建筑供暖空调的全年负荷，即由建筑围护结构传热和太阳辐射所形成的、需要供暖空调系统提供的全年总热量和总冷量（而不是设备的功率）。对于空调冷负荷，主要是指围护结构冷负荷（包括传热得热冷负荷和太阳辐射冷负荷），不包括室内冷负荷、新风冷负荷等；对于空调/供暖热负荷，主要是指围护结构传热耗热量（包括基本耗热量和附加耗热量），并考虑太阳辐射得热量，但不包括冷风渗透和侵入耗热量、通风耗热量等。

本款需要基于两个算例的建筑供暖空调全年计算负荷进行判定。两个算例仅考虑建筑围护结构本身的不同热工性能，供暖空调系统的类型、设备系统的运行状态等按常规形式考虑即可。第一个算例取国家或行业建筑节能设计标准规定的建筑围护结构的热工性能参数，第二个算例取实际设计的建筑围护结构的热工性能参数，但需注意两个算例所采用的暖通空调系统形式一致，然后比较两者的全年计算负荷差异。参数设定和计算方法应符合行业标准《民用建筑绿色性能计算标准》JGJ/T 449－2018第5.2.1、5.2.2、5.2.3、5.2.4、5.2.5条的要求。

【具体评价方式】

本条适用于各类民用建筑的预评价、评价。

预评价查阅建筑施工图及设计说明、围护结构施工详图、围护结构热工性能参数表等设计文件，当地建筑节能审查相关文件；第 2 款还查阅供暖空调全年计算负荷的分析报告。

评价查阅预评价涉及内容的竣工文件，当地建筑节能审查相关文件及节能工程验收记录；第 2 款还查阅供暖空调全年计算负荷的分析报告。

7.2.5 供暖空调系统的冷、热源机组能效均优于现行国家标准《公共建筑节能设计标准》GB 50189 的规定以及现行有关国家标准能效限定值的要求，评价总分值为 10 分，按表 7.2.5 的规则评分。

表 7.2.5 冷、热源机组能效提升幅度评分规则

<table>
<tr><th colspan="2">机组类型</th><th>能效指标</th><th>参照标准</th><th colspan="2">评分要求</th></tr>
<tr><td colspan="2">电机驱动的蒸气压缩循环冷水（热泵）机组</td><td>制冷性能系数（COP）</td><td rowspan="6">现行国家标准《公共建筑节能设计标准》GB 50189</td><td>提高 6%</td><td>提高 12%</td></tr>
<tr><td colspan="2">直燃型溴化锂吸收式冷（温）水机组</td><td>制冷、供热性能系数（COP）</td><td>提高 6%</td><td>提高 12%</td></tr>
<tr><td colspan="2">单元式空气调节机、风管送风式和屋顶式空调机组</td><td>能效比（EER）</td><td>提高 6%</td><td>提高 12%</td></tr>
<tr><td colspan="2">多联式空调（热泵）机组</td><td>制冷综合性能系数（IPLV（C））</td><td>提高 8%</td><td>提高 16%</td></tr>
<tr><td rowspan="2">锅炉</td><td>燃煤</td><td>热效率</td><td>提高 3 个百分点</td><td>提高 6 个百分点</td></tr>
<tr><td>燃油燃气</td><td>热效率</td><td>提高 2 个百分点</td><td>提高 4 个百分点</td></tr>
<tr><td colspan="2">房间空气调节器</td><td>能效比（EER）、能源消耗效率</td><td rowspan="3">现行有关国家标准</td><td rowspan="3">节能评价值</td><td rowspan="3">1 级能效等级限值</td></tr>
<tr><td colspan="2">家用燃气热水炉</td><td>热效率值（η）</td></tr>
<tr><td colspan="2">蒸汽型溴化锂吸收式冷水机组</td><td>制冷、供热性能系数（COP）</td></tr>
<tr><td colspan="4">得分</td><td>5 分</td><td>10 分</td></tr>
</table>

【条文说明扩展】

《公共建筑节能设计标准》GB 50189－2015

4.2.5 在名义工况和规定条件下，锅炉的热效率不应低于表4.2.5的数值。

表4.2.5 锅炉的热效率（%）

锅炉类型及燃料种类		锅炉额定蒸发量 D（t/h）/额定热功率 Q（MW）					
		$D<1/Q<0.7$	$1\leqslant D\leqslant 2/$ $0.7\leqslant Q\leqslant 1.4$	$2<D<6/$ $1.4<Q<4.2$	$6\leqslant D\leqslant 8/$ $4.2\leqslant Q\leqslant 5.6$	$8<D\leqslant 20/$ $5.6<Q\leqslant 14.0$	$D>20/$ $Q>14.0$
燃油燃气锅炉	重油	86		88			
	轻油	88		90			
	燃气	88		90			
层状燃烧锅炉		75	78	80		81	82
抛煤机链条炉排锅炉	Ⅲ类烟煤	—	—	—	82		83
流化床燃烧锅炉		—	—	—	84		

4.2.10 采用电机驱动的蒸气压缩循环冷水（热泵）机组时，其在名义制冷工况和规定条件下的性能系数（*COP*）应符合下列规定：

1 水冷定频机组及风冷或蒸发冷却机组的性能系数（*COP*）不应低于表4.2.10的数值；

2 水冷变频离心式机组的性能系数（*COP*）不应低于表4.2.10中数值的0.93倍；

3 水冷变频螺杆式机组的性能系数（*COP*）不应低于表4.2.10中数值的0.95倍。

表4.2.10 名义制冷工况和规定条件下冷水（热泵）机组的制冷性能系数（*COP*）

类型		名义制冷量 *CC*（kW）	性能系数 *COP*（W/W）					
			严寒A、B区	严寒C区	温和地区	寒冷地区	夏热冬冷地区	夏热冬暖地区
水冷	活塞式/涡旋式	$CC\leqslant 528$	4.10	4.10	4.10	4.10	4.20	4.40
	螺杆式	$CC\leqslant 528$	4.60	4.70	4.70	4.70	4.80	4.90
		$528<CC\leqslant 1163$	5.00	5.00	5.00	5.10	5.20	5.30
		$CC>1163$	5.20	5.30	5.40	5.50	5.60	5.60
	离心式	$CC\leqslant 1163$	5.00	5.00	5.10	5.20	5.30	5.40
		$1163<CC\leqslant 2110$	5.30	5.40	5.40	5.50	5.60	5.70
		$CC>2110$	5.70	5.70	5.70	5.80	5.90	5.90
风冷或蒸发冷却	活塞式/涡旋式	$CC\leqslant 50$	2.60	2.60	2.60	2.60	2.70	2.80
		$CC>50$	2.80	2.80	2.80	2.80	2.90	2.90
	螺杆式	$CC\leqslant 50$	2.70	2.70	2.70	2.80	2.90	2.90
		$CC>50$	2.90	2.90	2.90	3.00	3.00	3.00

4.2.14 采用名义制冷量大于 7.1kW、电机驱动的单元式空气调节机、风管送风式和屋顶式空气调节机组时，其在名义制冷工况和规定条件下的能效比（*EER*）不应低于表 4.2.14 的数值。

表 4.2.14 名义制冷工况和规定条件下单元式空气调节机、风管送风式和屋顶式空气调节机组能效比（*EER*）

类型		名义制冷量 *CC*（kW）	能效比 *EER*（W/W）					
			严寒A、B区	严寒C区	温和地区	寒冷地区	夏热冬冷地区	夏热冬暖地区
风冷	不接风管	7.1<C≤14.0	2.70	2.70	2.70	2.75	2.80	2.85
		CC>14.0	2.65	2.65	2.65	2.70	2.75	2.75
	接风管	7.1<*CC*≤14.0	2.50	2.50	2.50	2.55	2.60	2.60
		CC>14.0	2.45	2.45	2.45	2.50	2.55	2.55
水冷	不接风管	7.1<*CC*≤14.0	3.40	3.45	3.45	3.50	3.55	3.55
		CC>14.0	3.25	3.30	3.30	3.35	3.40	3.45
	接风管	7.1<*CC*≤14.0	3.10	3.10	3.15	3.20	3.25	3.25
		CC>14.0	3.00	3.00	3.05	3.10	3.15	3.20

4.2.17 采用多联式空调（热泵）机组时，其在名义制冷工况和规定条件下的制冷综合性能系数 *IPLV*（C）不应低于表 4.2.17 的数值。

表 4.2.17 名义制冷工况和规定条件下多联式空调（热泵）机组制冷综合性能系数 *IPLV*（C）

名义制冷量 *CC*（kW）	制冷综合性能系数 *IPLV*（C）					
	严寒A、B区	严寒C区	温和地区	寒冷地区	夏热冬冷地区	夏热冬暖地区
CC≤28	3.80	3.85	3.85	3.90	4.00	4.00
28<*CC*≤84	3.75	3.80	3.80	3.85	3.95	3.95
CC>84	3.65	3.70	3.70	3.75	3.80	3.80

4.2.19 采用直燃型溴化锂吸收式冷（温）水机组时，其在名义工况和规定条件下的性能参数应符合表 4.2.19 的规定。

表 4.2.19 名义制冷工况和规定条件下直燃型溴化锂吸收式冷（温）水机组的性能参数

名义工况		性能参数	
冷（温）水进/出口温度（℃）	冷却水进/出口温度（℃）	性能系数（W/W）	
		制冷	供热
12/7（供冷）	30/35	≥1.20	—
—/60（供热）	—	—	≥0.90

为了方便比较，本细则附录B列出了空调系统的不同类型冷源机组能效指标更优的要求。与冷水或空调机组的能效指标提高幅度为百分数不同的是，锅炉能效指标提高幅度为百分点。举例而言，前者情况下，当机组*COP*值达到标准规定值的1.06倍时，视为满足要求；后者情况下，当标准规定值为80％的燃煤锅炉热效率，进一步达到83％，视为满足要求。

对于现行国家标准《公共建筑节能设计标准》GB 50189中暂未规定的其他类型冷热源，则按现行有关国家标准的能效等级来要求。没有能效标准规定的，则不参与评价。

《房间空气调节器能效限定值及能效等级》GB 12021.3－2010

5 能效等级的判定方法

根据产品的实测能效比，查表2，判定该产品的能效等级，此能效等级不应低于该产品的额定能效等级。

表2 空调器能效等级指标（W/W）

类型	额定制冷量（*CC*）	能效等级		
		1	2	3
整体式		3.30	3.10	2.90
分体式	*CC*≤4500W	3.60	3.40	3.20
	4500W＜*CC*≤7100W	3.50	3.30	3.10
	7100W＜*CC*≤14000W	3.40	3.20	3.00

《转速可控型房间空气调节器能效限定值及能效等级》GB 21455－2013

4.1.2 单冷式转速可控型房间空气调节器按实测制冷季节能源消耗效率（*SEER*）对产品进行能效分级，各等级实测制冷季节能源消耗效率（*SEER*）应不小于表1的规定。

表1 单冷式转速可控型房间空气调节器能效等级

类型	额定制冷量（*CC*）/W	制冷季节能源消耗效率［（W·h）/（W·h）］		
		能效等级		
		1级	2级	3级
分体式	*CC*≤4500	5.40	5.00	4.30
	4500＜*CC*≤7100	5.10	4.40	3.90
	7100＜*CC*≤14000	4.70	4.00	3.50

4.1.3 热泵式转速可控型房间空气调节器根据产品的全年能源消耗效率（*APF*）对产品进行能效分级，各等级实测全年能源消耗效率（*APF*）应不小于表2的规定。

表2 热泵型转速可控型房间空气调节器能效等级

类型	额定制冷量（CC）（W）	全年能源消耗效率［（W·h）/（W·h）］		
		能效等级		
		1级	2级	3级
分体式	CC≤4500	4.50	4.00	3.50
	4500<CC≤7100	4.00	3.50	3.30
	7100<CC≤14000	3.70	3.30	3.10

《家用燃气快速热水器和燃气采暖热水炉能效限定值及能效等级》GB 20665－2015

4.2 能效等级

热水器和采暖炉能效等级分为3级，其中1级能效最高。各等级的热效率值不应低于表1的规定。表1中的η_1为热水器或采暖炉额定热负荷和部分热负荷（热水状态为50%的额定热负荷，采暖状态为30%的额定热负荷）下两个热效率值中的较大值，η_2为较小值。当η_1与η_2在同一等级界限范围内时判定该产品为相应的能效等级；如η_1与η_2不在同一等级界限范围内，则判定为较低的能效等级。

表1 热水器和采暖炉能效等级

类型			热效率值η（%）		
			能效等级		
			1级	2级	3级
热水器		η_1	98	89	86
		η_2	94	85	82
采暖炉	热水	η_1	96	89	86
		η_2	92	85	82
	采暖	η_1	99	89	86
		η_2	95	85	82

《溴化锂吸收式冷水机组能效限定值及能效等级》GB 29540－2013

4.1.2 蒸汽型机组根据实测单位制冷量蒸汽耗量分级，各等级单位制冷量蒸汽耗量分级应不大于表1的规定。

表1 蒸汽型机组能效等级

能效等级		1级	2级	3级
单位冷量蒸汽耗量［kg/（kWh）］	饱和蒸汽0.4MPa	1.12	1.19	1.40
	饱和蒸汽0.6MPa	1.05	1.11	1.31
	饱和蒸汽0.8MPa	1.02	1.09	1.28

【具体评价方式】

本条适用于各类民用建筑的预评价、评价。对于城市市政热源，不对其热源机组能效进行评价。若项目采用多种类型的冷热源，则每种类型的冷热源性能均须满足得分要求。

预评价查阅暖通空调专业的设计说明、设备表等设计文件，重点审核冷、热源机组能效指标。

评价查阅预评价涉及内容的竣工文件，还查阅冷热源机组产品说明书、产品型式检验报告等，重点审核冷、热源机组能效指标。

7.2.6 采取有效措施降低供暖空调系统的末端系统及输配系统的能耗，评价总分值为5分，并按以下规则分别评分并累计：

1 通风空调系统风机的单位风量耗功率比现行国家标准《公共建筑节能设计标准》GB 50189 的规定低20%，得2分；

2 集中供暖系统热水循环泵的耗电输热比、空调冷热水系统循环水泵的耗电输冷（热）比比现行国家标准《民用建筑供暖通风与空气调节设计规范》GB 50736 规定值低20%，得3分。

【条文说明扩展】

第1款，依据基础是国家标准《公共建筑节能设计标准》GB 50189－2015 的规定：

国家标准《公共建筑节能设计标准》GB 50189－2015

4.3.22 空调风系统和通风系统的风量大于10000m^3/h时，风道系统单位风量耗功率（W_s）不宜大于表4.3.22的数值。风道系统单位风量耗功率（W_s）应按下式计算：

$$W_s = P/(3600 \times \eta_{CD} \times \eta_F) \quad (4.3.22)$$

式中：W_s——风道系统单位风量耗功率[$W/(m^3/h)$]；

P——空调机组的余压或通风系统风机的风压（Pa）；

η_{CD}——电机及传动效率（%），η_{CD}取0.855；

η_F——风机效率（%），按设计图中标注的效率选择。

表4.3.22 风道系统单位风量耗功率W_s [$W/(m^3/h)$]

系统形式	W_s限值
机械通风系统	0.27
新风系统	0.24
办公建筑定风量系统	0.27
办公建筑变风量系统	0.29
商业、酒店建筑全空气系统	0.30

第2款，依据基础是《民用建筑供暖通风与空气调节设计规范》GB 50736－2012 的规定：

《民用建筑供暖通风与空气调节设计规范》GB 50736－2012

8.5.12 在选配空调冷热水系统的循环水泵时，应计算循环水泵的耗电输冷（热）比 $EC(H)R$，并应标注在施工图的设计说明中。耗电输冷（热）比应符合下式要求：

$$EC(H)R = 0.003096\sum(G \cdot H/\eta_b)/\sum Q \leqslant A(B+\alpha\sum L)/\Delta T \quad (8.5.12)$$

式中：$EC(H)R$——循环水泵的耗电输冷（热）比；

G——每台运行水泵的设计流量，m^3/h；

H——每台运行水泵对应的设计扬程，m；

η_b——每台运行水泵对应设计工作点的效率；

Q——设计冷（热）负荷，kW；

ΔT——规定的计算供回水温差，按表 8.5.12-1 选取；

A——与水泵流量有关的计算系数，按表 8.5.12-2 选取；

B——与机房及用户的水阻力有关的计算系数，按表 8.5.12-3 选取；

α——与$\sum L$有关的计算系数，按表 8.5.12-4 或表 8.5.12-5 选取；

$\sum L$——从冷热机房至该系统最远用户的供回水管道的总输送长度，m；当管道设于大面积单层或多层建筑时，可按机房出口至最远端空调末端的管道长度减去 100m 确定。

表 8.5.12-1 ΔT 值（℃）

冷水系统	热水系统			
	严寒	寒冷	夏热冬冷	夏热冬暖
5	15	15	10	5

注：1 对空气源热泵、溴化锂机组、水源热泵等机组的热水供回水温差按机组实际参数确定；
2 对直接提供高温冷水的机组，冷水供回水温差按机组实际参数确定。

表 8.5.12-2 A 值

设计水泵流量 G	$G \leqslant 60m^3/h$	$60m^3/h < G \leqslant 200m^3/h$	$G > 200m^3/h$
A 值	0.004225	0.003858	0.003749

注：多台水泵并联运行时，流量按较大流量选取。

表 8.5.12-3 B 值

系统组成		四管制 单冷、单热管道	二管制 热水管道
一级泵	冷水系统	28	—
	热水系统	22	21
二级泵	冷水系统1)	33	—
	热水系统2)	27	25

注：1）多级泵冷水系统，每增加一级泵，B 值可增加 5；
2）多级泵热水系统，每增加一级泵，B 值可增加 4。

表 8.5.12-4 四管制冷、热水管道系统的 α 值

系统	管道长度$\sum L$范围（m）		
	$\leqslant 400$	$400 < \sum L < 1000$	$\sum L \geqslant 1000$
冷水	$\alpha = 0.02$	$\alpha = 0.016 + 1.6/\sum L$	$\alpha = 0.013 + 4.6/\sum L$
热水	$\alpha = 0.014$	$\alpha = 0.0125 + 0.6/\sum L$	$\alpha = 0.009 + 4.1/\sum L$

表 8.5.12-5 两管制热水管道系统的 α 值

系统	地区	管道长度$\sum L$范围（m）		
		$\leqslant 400$	$400<\sum L<1000$	$\sum L\geqslant 1000$
热水	严寒	$\alpha=0.009$	$\alpha=0.0072+0.72/\sum L$	$\alpha=0.0059+2.02/\sum L$
	寒冷	$\alpha=0.0024$	$\alpha=0.002+0.16/\sum L$	$\alpha=0.0016+0.56/\sum L$
	夏热冬冷			
	夏热冬暖	$\alpha=0.0032$	$\alpha=0.0026+0.24/\sum L$	$\alpha=0.0021+0.74/\sum L$

注：两管制冷水系统 α 计算式与表 8.5.13-4 四管制冷水系统相同。

8.11.13 在选配集中供暖系统的循环水泵时，应计算循环水泵的耗电输热比（EHR），并应标注在施工图的设计说明中。循环泵耗电输热比应下式要求：

$$EHR=0.003096\sum(G\cdot H/\eta_b)/Q\leqslant A(B+\alpha\sum L)/\Delta T \qquad (8.11.13)$$

式中：EHR——循环水泵的耗电输热比；

G——每台运行水泵的设计流量（m^3/h）；

H——每台运行水泵对应的设计扬程（m 水柱）；

η_b——每台运行水泵对应的设计工作点效率；

Q——设计热负荷（kW）；

ΔT——设计供回水温差（℃）；

A——与水泵流量有关的计算系数，按本规范表 8.5.12-2 选取；

B——与机房及用户的水阻力有关的计算系数，一级泵系统时 $B=20.4$，二级泵系统时 $B=24.4$；

$\sum L$——室外主干线（包括供回水管）总长度（m）；

α——与$\sum L$有关的计算系数；按如下选取或计算；

当$\sum L\leqslant 400$m 时，$\alpha=0.0015$；

当 $400\text{m}<\sum L<1000$m 时，$\alpha=0.003833+3.067/\sum L$；

当$\sum L\geqslant 1000$m 时，$\alpha=0.0069$。

【具体评价方式】

本条适用于各类民用建筑的预评价、评价。第 1 款，评价范围仅限风量大于 $10000m^3/h$ 的空调风系统和通风系统；采用分体空调和多联机空调（热泵）机组的，本款直接得分，对于设置新风机的项目，若新风机的风量大于 $10000m^3/h$ 时，新风机需参与评价。第 2 款，对于非集中供暖空调系统的项目，如分体空调、多联机空调（热泵）机组、单元式空气调节机等，本款直接得分。

预评价查阅暖通空调专业的设计说明、设备表、风系统图及水系统等设计文件施工图，风机的单位风量耗功率、空调冷热水系统的耗电输冷（热）比、集中供暖系统热水循环泵的耗电输热比计算书。

评价查阅预评价涉及内容的竣工文件，风机、水泵的产品型式检验报告，风机的单位风量耗功率、空调冷热水系统的耗电输冷（热）比、集中供暖系统热水循环泵的耗电输热比计算书。

7.2.7 采用节能型电气设备及节能控制措施，评价总分值为10分，并按下列规则分别评分并累计：

1 主要功能房间的照明功率密度值达到现行国家标准《建筑照明设计标准》GB 50034规定的目标值，得5分；

2 采光区域的人工照明随天然光照度变化自动调节，得2分；

3 照明产品、三相配电变压器、水泵、风机等设备满足国家现行有关标准的节能评价值的要求，得3分。

【条文说明扩展】

第1款，照明功率密度值详见第7.1.4条内容。

第2款，采光区域人工照明的自动调节。

《建筑照明设计标准》GB 50034－2013

7.3.7 有条件的场所，宜采用下列控制方式：

1 可利用天然采光的场所，宜随天然光照度变化自动调节照度；

2 办公室的工作区域，公共建筑的楼梯间、走道等场所，可按使用需求自动开关灯或调光；

3 地下车库宜按使用需求自动调节照度；

4 门厅、大堂、电梯厅等场所，宜采用夜间定时降低照度的自动控制装置。

《民用建筑电气设计规范》JGJ 16－2008

10.6.13 应根据环境条件、使用特点合理选择照明控制方式，并应符合下列规定：

1 应充分利用天然光，并应根据天然光的照度变化控制电气照明的分区；

2 根据照明使用特点，应采取分区控制灯光或适当增加照明开关点；

3 公共场所照明、室外照明宜采用集中遥控节能管理方式或采用自动光控装置。

10.6.14 应采用定时开关、调光开关、光电自动控制器等节电开关和照明智能控制系统等管理措施。

第3款，相关产品节能评价值参见如下标准规定（表7-1）。

表7-1 我国已制定的照明及电气产品能效标准

序号	标准编号	标准名称
1	GB 17896	管形荧光灯镇流器能效限定值及能效等级
2	GB 19043	普通照明用双端荧光灯能效限定值及能效等级
3	GB 19044	普通照明用自镇流荧光灯能效限定值及能效等级
4	GB 19415	单端荧光灯能效限定值及节能评价值
5	GB 19573	高压钠灯能效限定值及能效等级
6	GB 19574	高压钠灯用镇流器能效限定值及节能评价值

续表 7-1

序号	标准编号	标准名称
7	GB 19761	通风机能效限定值及能效等级
8	GB 19762	清水离心泵能效限定值及节能评价值
9	GB 20053	金属卤化物灯用镇流器能效限定值及能效等级
10	GB 20054	金属卤化物灯能效限定值及能效等级
11	GB 20052	三相配电变压器能效限定值及能效等级
12	GB 30255	室内照明用 LED 产品能效限定值及能效等级

【具体评价方式】

本条适用于各类民用建筑的预评价、评价。

预评价查阅电气专业设计说明（包含照明设计要求、照明设计标准、照明控制措施等）、照明系统图、平面施工图、设备表等设计文件，照明功率密度计算分析报告。

评价查阅预评价涉及内容的竣工文件，还查阅照明功率密度计算分析报告及现场检测报告，产品型式检验报告。

7.2.8 采取措施降低建筑能耗，评价总分值为 10 分。建筑能耗相比国家现行有关建筑节能标准降低 10%，得 5 分；降低 20%，得 10 分。

【条文说明扩展】

本条主要定量评价供暖空调和照明系统对建筑能耗降低的贡献，因此实际建筑和参考建筑的围护结构性能应一致。

《民用建筑能耗标准》GB/T 51161－2016

2.0.1 建筑能耗

建筑使用过程中由外部输入的能源，包括维持建筑环境的用能（如供暖、制冷、通风、空调和照明等）和各类建筑内活动（如办公、家电、电梯、生活热水等）的用能。

对于预评价和投入使用不足 1 年的项目，建筑能耗主要关注供暖空调能耗和照明能耗，并依据建筑的预期节能率来进行评价，预期节能率可按下式计算：

$$\varepsilon=\left(1-\frac{\text{设计建筑能耗}}{\text{参照建筑能耗}}\right)\times 100\% \tag{7-1}$$

式中，设计（参照）建筑能耗为供暖空调系统能耗和照明系统能耗之和，其中：

1）供暖空调系统能耗应包括冷热源、输配系统及末端空气处理设备的能耗。计算时，参照建筑和设计建筑的围护结构、室内设计参数和模拟参数（作息、室内发热量等）的设置等应一致，并且应满足行业标准《民用建筑绿色性能计算标准》JGJ/T 449－2018 第 5.3.2，5.3.3，5.3.4，5.3.5，5.3.6，5.3.7 条的规定。

2）照明系统能耗为居住建筑公共空间或公共建筑的照明系统能耗，其计算应满足行业标准《民用建筑绿色性能计算标准》JGJ/T 449－2018 第 5.3.3、5.3.9 条的要求。

计算所得的能耗量应折算成一次能耗量，不同能源种类之间的转换按行业标准《建筑能耗数据分类及表示方法》JG/T 358－2012 中规定的发电煤耗法换算系数确定，如表 3 所示。也可按国家标准《民用建筑能耗分类及表示方法》GB/T 34913－2017 折算为电力。

《建筑能耗数据分类及表示方法》JG/T 358－2012

表 3　主要能源按电热当量法、发电煤耗法和等效电法的换算系数

能源种类	实物量	电热当量法换算		发电煤耗法换算		等效电法换算		备注（计算等效电采用的温度）
		kWh_{CV}	MJ_{CV}	$kgce_{CE}$	MJ_{CE}	kWh_{EE}	MJ_{EE}	
电力	1kWh	1.000	3.600	0.320[b]	9.367[b]	1.000	3.600	—
天然气	1m³	10.81	38.93	1.330	38.93	7.131	25.67	燃烧温度 1500℃ 环境温度 0℃
原油	1kg	11.62	41.82	1.429	41.82	7.659	27.57	燃烧温度 1500℃ 环境温度 0℃
汽油	1kg	11.96	43.07	1.474	43.07	7.889	28.40	燃烧温度 1500℃ 环境温度 0℃
柴油	1kg	11.85	42.65	1.457	42.65	7.812	28.12	燃烧温度 1500℃ 环境温度 0℃
原煤	1kg	5.808	20.91	0.7143	20.91	2.928	10.54	燃烧温度 700℃ 环境温度 0℃
洗精煤	1kg	7.317	26.34	0.9000	26.34	3.689	13.28	燃烧温度 700℃ 环境温度 0℃
热水（95℃/70℃）	1MJ	0.2778	1.000	0.03416	1.000	0.06435	0.2317	环境温度 0℃
热水（50℃/40℃）	1MJ	0.2778	1.000	0.03416	1.000	0.03927	0.1414	环境温度 0℃
饱和蒸汽（1.0MPa）	1MJ	0.2778	1.000	0.03416	1.000	0.09778	0.3520	环境温度 0℃

其他注意事项：

（1）集中空调系统：参照系统的设计新风量、冷热源、输配系统设备能效比等均应严格按照建筑节能标准选取，不应盲目提高新风量设计标准，不考虑风机、水泵变频、新风热回收、冷却塔免费供冷等节能措施。即便设计方案的新风量标准高于国家、行业或地方标准，参考建筑的新风量设计标准也不得高于国家、行业或地方标准。参照系统不考虑新风比增加等措施。

（2）采用分散式房间空调器进行空调和供暖时，参照系统选用符合现行国家标准《房间空气调节器能效限定值及能效等级》GB 12021.3 和《转速可控型房间空气调节器能效限定值及能效等级》GB 21455 中规定的第 2 级产品。

（3）对于新风热回收系统，热回收装置机组名义测试工况下的热回收效率，全热焓交换效率制冷不低于 50%，制热不低于 55%；显热温度交换效率制冷不低于 60%，制热不低于 65%。需要考虑新风热回收耗电，热回收装置的性能系数（*COP* 值）大于 5（*COP* 值为回收的热量与附加的风机耗电量比值），超过 5 以上的部分为热回收系统的节能值。

（4）对于设计方案采用低谷电蓄冷（蓄热）方案的，不应比较全年能耗费用。

（5）对于没有设置空调供暖系统的住宅建筑，只需计算照明系统能耗。

对于投入使用满 1 年的项目，本条要求将建筑运行能耗与国家标准《民用建筑能耗标准》GB/T 51161－2016 规定的约束值进行比较，根据建筑运行能耗低于约束值的百分比进行节能率得分判断。该标准将民用建筑能耗按照气候区进行了分类，其中严寒和寒冷地区民用建筑能耗由建筑供暖能耗、居住建筑非供暖能耗、公共建筑非供暖能耗组成；其他气候区民用建筑能耗由居住建筑非供暖能耗和公共建筑非供暖能耗组成。各部分能耗指标的约束值和引导值，参见该标准第 4.2.1，5.2.1，5.2.2，5.2.3，5.2.4，5.2.5，6.2.1 条。

（1）对于严寒和寒冷地区（集中供暖区），需要计算建筑供暖能耗和非供暖能耗总和，再进行节能率得分判断。对于建筑实际供暖能耗，集中供热方式的按照该标准第 6.2.2 条确定，分户或分栋供暖方式的按照该标准第 6.2.3 条确定。

（2）对于其他气候地区（非集中供暖区），计算建筑非供暖能耗（实际包含了不易分割的供暖能耗在内）的节能率来进行判定。

当建筑运行后实际人数、小时数等参数和国家标准《民用建筑能耗标准》GB/T 51161－2016 的规定值不同时，可对建筑实际能耗进行修正。对于居住建筑的非供暖实际能耗的修正值，按照该标准第 4.3.1 条确定；对于公共建筑非供暖能耗实际能耗的修正值，按照该标准第 5.3.2～5.3.5 条确定；对于采用蓄冷系统的公共建筑非供暖实际能耗的修正值，按照该标准第 5.3.5 条确定。

此外，还应符合该标准第 5.2.5 条的规定，即同一建筑中包括办公、宾馆酒店、商场、停车库等的综合性公共建筑，其能耗指标约束值和引导值，应按国家标准《民用建筑能耗标准》GB/T 51161－2016 表 5.2.1～表 5.2.4 所规定的各功能类型建筑能耗指标的约束值和引导值与对应功能建筑面积比例进行加权平均计算确定。

【具体评价方式】

本条适用于各类民用建筑的预评价、评价。

预评价查阅暖通空调、电气、内装等专业的施工图设计说明等设计文件，暖通空调能耗模拟计算书，照明能耗模拟计算书。

评价查阅预评价涉及内容的竣工文件，暖通空调能耗模拟计算书，照明能耗模拟计算书。投入使用满 1 年的项目，尚应查阅运行能耗统计数据，及其节能率计算报告。

7.2.9 结合当地气候和自然资源条件合理利用可再生能源，评价总分值为 10 分，按表 7.2.9 的规则评分。

表 7.2.9 可再生能源利用评分规则

可再生能源利用类型和指标		得分
由可再生能源提供的生活用热水比例 R_{hw}	$20\% \leqslant R_{hw} < 35\%$	2
	$35\% \leqslant R_{hw} < 50\%$	4
	$50\% \leqslant R_{hw} < 65\%$	6
	$65\% \leqslant R_{hw} < 80\%$	8
	$R_{hw} \geqslant 80\%$	10
由可再生能源提供的空调用冷量和热量比例 R_{ch}	$20\% \leqslant R_{ch} < 35\%$	2
	$35\% \leqslant R_{ch} < 50\%$	4
	$50\% \leqslant R_{ch} < 65\%$	6
	$65\% \leqslant R_{ch} < 80\%$	8
	$R_{ch} \geqslant 80\%$	10
由可再生能源提供电量比例 R_e	$0.5\% \leqslant R_e < 1.0\%$	2
	$1.0\% \leqslant R_e < 2.0\%$	4
	$2.0\% \leqslant R_e < 3.0\%$	6
	$3.0\% \leqslant R_e < 4.0\%$	8
	$R_e \geqslant 4.0\%$	10

【条文说明扩展】

《可再生能源建筑应用工程评价标准》GB/T 50801－2013

2.0.1 可再生能源建筑应用

在建筑供热水、采暖、空调和供电等系统中，采用太阳能、地热能等可再生能源系统提供全部或部分建筑用能的应用形式。

2.0.2 太阳能热利用系统

将太阳能转换成热能，进行供热、制冷等应用的系统，在建筑中主要包括太阳能供热水、采暖和空调系统。

2.0.5 太阳能光伏系统

利用光生伏打效应，将太阳能转变成电能，包含逆变器、平衡系统部件及太阳能电池方阵在内的系统。

2.0.6 地源热泵系统

以岩土体、地下水或地表水为低温热源，由水源热泵机组、地热能交换系统、建筑物内系统组成的供热空调系统。根据地热能交换系统形式的不同，地源热泵系统分为地埋管地源热泵系统、地下水地源热泵系统和地表水地源热泵系统。其中地表水源热泵又分为江、河、湖、海水源热泵系统。

2.0.7 太阳能保证率

太阳能供热、采暖或空调系统中由太阳能供给的能量占系统总消耗能量的百分率。

《民用建筑供暖通风与空气调节设计规范》GB 50736－2012

8.1.1（2）在技术经济合理的情况下，冷、热源宜利用浅层地能、太阳能、风能等可再生能源。当采用可再生能源受到气候等原因的限制无法保证时，应设置辅助冷、热源。

《建筑给水排水设计规范》GB 50015－2003（2009年版）

5.2.2A 当日照时数大于1400h/年且年太阳辐射量大于4200MJ/m^2及年极端最低气温不低于－45℃的地区，宜优先采用太阳能作为热水供应热源。

5.2.2B 具备可再生低温能源的下列地区可采用热泵热水供应系统：

1 在夏热冬暖地区，宜采用空气源热泵热水供应系统；

2 在地下水源充沛、水文地质条件适宜，并能保证回灌的地区，宜采用地下水源热泵热水供应系统；

3 在沿江、沿海、沿湖、地表水源充足，水文地质条件适宜，及有条件利用城市污水、再生水的地区，宜采用地表水源热泵热水供应系统。

注：当采用地下水源和地表水源时，应经当地水务主管部门批准，必要时应进行生态环境、水质卫生方面的评估。

此外，国家现行标准《可再生能源建筑应用工程评价标准》GB/T 50801、《地源热泵系统工程技术规范》GB 50366、《民用建筑太阳能热水系统应用技术标准》GB 50364、《太阳能供热采暖工程技术规范》GB 50495、《民用建筑太阳能空调工程技术规范》GB 50787、《民用建筑太阳能光伏系统应用技术规范》JGJ 203 等均对可再生能源的应用做出了具体规定。

【具体评价方式】

本条适用于各类民用建筑的预评价、评价。本条分别对可再生能源提供的生活热水比例、空调用冷量和热量比例、电量比例进行分档评分。当建筑的可再生能源利用不止一种用途时，可各自评分并累计；当累计得分超过 10 分时，应取为 10 分。可再生能源利用比例应为其净贡献量，即扣除冷却塔、输配系统等辅助能耗。

对于可再生能源提供的生活热水比例，住宅可沿用住户比例的判别方式，但需校核太阳能热水系统的供热水能力是否与相应住户数量相匹配；对于公共建筑以及采用公共洗浴形式的宿舍等，应计算可再生能源对生活热水的设计小时供热量与生活热水的设计小时加热耗热量（见现行国家标准《建筑给水排水设计规范》GB 50015）的比例（其中已考虑储水箱作用）。夏热冬冷、夏热冬暖、温和地区存在稳定热水需求的建筑，若采用较高效的空气源热泵（不低于国家标准《公共建筑节能设计标准》GB 50189－2015 第 5.3.3 条要求）提供生活热水，也可得分。

对于可再生能源提供的空调用冷/热量，可计算设计工况下可再生能源供冷/热的冷热源机组（如地/水源热泵）的供冷/热量（将机组输入功率考虑在内）与空调系统总的冷/热负荷（冬季供热且夏季供冷的，可简单取冷量和热量的算术和）。

对于可再生能源提供的电量，可计算设计工况下发电机组（如光伏板）的输出功率与供电系统设计负荷之比。

预评价查阅可再生能源利用专项设计文件及施工图、计算分析报告等。

评价查阅预评价涉及内容的竣工文件，计算分析报告，产品型式检验报告。

Ⅲ 节水与水资源利用

7.2.10 使用较高用水效率等级的卫生器具，评价总分值为15分，并按下列规则评分：

1 全部卫生器具的用水效率等级达到2级，得8分。

2 50%以上卫生器具的用水效率等级达到1级且其他达到2级，得12分。

3 全部卫生器具的用水效率等级达到1级，得15分。

【条文说明扩展】

《水嘴用水效率限定值及用水效率等级》GB 25501－2010

4.3 水嘴用水效率等级

在（0.10±0.01）MPa动压下，依据表1的水嘴流量（带附件）判定水嘴的用水效率等级。

表1 水嘴用水效率等级指标

用水效率等级	1级	2级	3级
流量（L/s）	0.100	0.125	0.150

《坐便器水效限定值及水效等级》GB 25502－2017

4.2.2 各等级坐便器的用水量应符合表1的规定。

表1 坐便器水效等级指标（单位为L）

坐便器水效等级	1级	2级	3级
坐便器平均用水量	≤4.0	≤5.0	≤6.4
双冲坐便器全冲用水量	≤5.0	≤6.0	≤8.0
注：每个水效等级中双冲坐便器的半冲平均用水量不大于其全冲用水量最大限定值的70%。			

《小便器用水效率限定值及用水效率等级》GB 28377－2012

4.2 小便器用水效率等级

依据表1判定该小便器的用水效率等级，此用水效率等级不应低于该小便器的额定用水效率等级。

表1 小便器用水效率等级指标

用水效率等级	1级	2级	3级
冲洗水量（L）	2.0	3.0	4.0

《淋浴器用水效率限定值及用水效率等级》GB 28378－2012

4.4 淋浴器用水效率等级

在(0.10±0.01)MPa动压下，依据表1判定该淋浴器的用水效率等级，此用水效率等级不应低于该淋浴器的额定用水效率等级。

表1 淋浴器用水效率等级指标

用水效率等级	1级	2级	3级
流量（L/s）	0.08	0.12	0.15

《便器冲洗阀用水效率限定值及用水效率等级》GB 28379－2012

4.3 大便器冲洗阀用水效率等级

依据表1的大便器冲洗水量判定其用水效率等级，此用水效率等级不应低于其额定用水效率等级。

表1 大便器冲洗阀用水效率等级指标

用水效率等级	1级	2级	3级	4级	5级
冲洗水量（L）	4.0	5.0	6.0	7.0	8.0

4.4 小便器冲洗阀用水效率等级

依据表2的小便器冲洗水量判定其用水效率等级（含一段出水和二段出水），此用水效率等级不应低于其额定用水效率等级。

表2 小便器冲洗阀用水效率等级指标

用水效率等级	1级	2级	3级
冲洗水量（L）	2.0	3.0	4.0

《蹲便器用水效率限定值及用水效率等级》GB 30717－2014

4.2.2 用水效率等级

蹲便器在符合一般技术要求、冲洗功能要求、配套性技术要求的情况下，根据表1中的平均用水量判定其用水效率等级，分为1、2、3三个等级，1级表示用水效率最高。

表1 蹲便器用水效率等级指标

用水效率等级	1级	2级	3级
平均用水量（L）	5.0	6.0	8.0

当存在不同用水效率等级的卫生器具时，按满足最低等级的要求得分。有用水效率相关标准的卫生器具全部采用达到相应用水效率等级的产品时，方可认定第 1 款或第 3 款得分；有用水效率相关标准的卫生器具中，50%以上数量的器具采用达到用水效率等级 1 级的产品且其他达到 2 级时，方可认定第 2 款得分。今后当其他用水器具出台了相应标准时，按同样的原则进行要求。

【具体评价方式】

本条适用于各类民用建筑的预评价、评价。

预评价查阅包含卫生器具节水性能和参数要求的给水排水施工图说明、主要设备材料表等设计文件，包含节水性能参数的节水器具产品说明书。

评价查阅预评价涉及内容的竣工文件，节水器具产品说明书、产品节水性能检测报告。

7.2.11 绿化灌溉及空调冷却水系统采用节水设备或技术，评价总分值为 12 分，并按下列规则分别评分并累计：

1 绿化灌溉采用节水设备或技术，并按下列规则评分：

1）采用节水灌溉系统，得 4 分。

2）在采用节水灌溉系统的基础上，设置土壤湿度感应器、雨天自动关闭装置等节水控制措施，或种植无须永久灌溉植物，得 6 分。

2 空调冷却水系统采用节水设备或技术，并按下列规则评分：

1）循环冷却水系统采取设置水处理措施、加大集水盘、设置平衡管或平衡水箱等方式，避免冷却水泵停泵时冷却水溢出，得 3 分。

2）采用无蒸发耗水量的冷却技术，得 6 分。

【条文说明扩展】

第 1 款，绿化灌溉应采用喷灌、微灌等节水灌溉方式。采用再生水灌溉时，因水中微生物在空气中极易传播，不应采用喷灌方式。微灌包括滴灌、微喷灌、涌流灌和地下渗灌。当项目 90%以上的绿化面积采用了高效节水灌溉方式或节水控制措施时，方可判定按“采用节水灌溉系统”得分；采用快速取水阀结合移动喷灌头进行绿化灌溉的项目，本条不得分。

无须永久灌溉植物是指适应当地气候，仅依靠自然降雨即可维持良好的生长状态的植物，或在干旱时体内水分丧失，全株呈风干状态而不死亡的植物。无须永久灌溉植物仅在生根时需进行人工灌溉，因而不需设置永久的灌溉系统，但临时灌溉系统应在安装后一年之内移走。当选用无须永久灌溉植物时，设计文件中应提供植物配置表，并说明是否属无须永久灌溉植物，申报方应提供当地植物名录，说明所选植物的耐旱性能。当 50%以上的绿化面积种植了无须永久灌溉植物，且其余部分绿化采用了节水灌溉方式时，可判定按“种植无须永久灌溉植物”得分。

第 2 款，开式循环冷却水系统或闭式冷却塔的喷淋水系统可设置水处理装置和化学加药装置改善水质，减少排污耗水量；可采取加大集水盘、设置平衡管或平衡水箱等方式，相对加大冷却塔集水盘浮球阀至溢流口段的容积，避免停泵时的泄水和启泵时的补水浪费。

本条中的“无蒸发耗水量的冷却技术”包括采用分体空调、风冷式冷水机组、风冷式多联机、地源热泵、干式运行的闭式冷却塔等。由于风冷方式制冷机组的COP通常较水冷方式的制冷机组低，所以需要综合评价工程所在地的水资源和电力资源情况，有条件时宜优先考虑风冷方式排出空调冷凝热。

【具体评价方式】

本条适用于各类民用建筑的预评价、评价。不设置空调设备或系统的项目，第2款可直接得分。

预评价，第1款查阅绿化灌溉系统设计说明、灌溉给水平面图、灌溉系统电气控制原理图、节水灌溉设备材料表等设计文件，节水灌溉设备产品说明书；第2款查阅包含冷却节水措施说明的空调冷却水系统设计说明、空调冷却水系统施工图、相关设备材料表等设计文件，相关产品说明书。

评价查阅预评价涉及内容的竣工文件，还查阅灌溉给水和电气控制竣工图、相关节水产品的说明书、空调冷却水水处理设备产品说明书、产品节水性能检测报告等。

7.2.12 结合雨水综合利用设施营造室外景观水体，室外景观水体利用雨水的补水量大于水体蒸发量的60%，且采用保障水体水质的生态水处理技术，评价总分值为8分，并按下列规则分别评分并累计：

1 对进入室外景观水体的雨水，利用生态设施削减径流污染，得4分；

2 利用水生动、植物保障室外景观水体水质，得4分。

【条文说明扩展】

根据国家相关标准的强制性要求，室外景观水体的补水不能使用自来水和地下水，只能使用非传统水源，或取得当地相关主管部门的许可，也可利用临近的河、湖水。因此，室外景观水体的补水应充分利用场地的雨水资源，不足时再考虑其他非传统水源的使用。而缺水地区和降雨量少的地区，应谨慎考虑设置景观水体。

室外景观水体设计时需要做好景观水体补水量和水体蒸发量的水量平衡，应在景观专项设计前落实项目所在地逐月降雨量、水面蒸发量等必需的基础气象资料数据，编制全年逐月水量计算表，对可回用雨水量和景观水体所需补水量进行全年逐月水平衡分析。在雨季和旱季降雨水差异较大时，可以通过水位或水面面积的变化来调节补水量的富余和不足，如可设计旱溪或干塘等来适应降雨量的季节性变化。

景观水体的补水管应单独设置水表，不得与绿化用水、道路冲洗用水合用水表。

景观水体的水质根据水景补水水源和功能性质不同，应不低于现行国家标准的相关要求，具体水质标准详见第5.2.3条内容。

对于旱喷等全身接触、娱乐性水景等水质要求高的用水，可采用生态设施对雨水进行预处理，再进行人工深度处理，保证满足第5.2.3条规定的相应水景补水水质标准，本条相应款方可得分。

第1款，对进入景观水体的雨水应采用生态水处理措施，应将屋面和道路雨水断接进入绿地，经绿地、植草沟等处理后再进入景观水体，充分利用植物和土壤渗滤作用削减径流污染，在雨水进入景观水体之前还可设置前置塘、植物缓冲带等生态处理设施。采用生物处理工艺的水处理设备不属于生态水处理设施范畴。

第2款，景观水体的水质保障可以通过采用非硬质池底及生态驳岸，形成有利于水生动植物生长的自然生态环境，为水生动植物提供栖息条件，向水体投放水生动植物（尽可能采用本地物种，避免物种入侵），通过水生动植物对水体进行净化；必要时可采取其他辅助手段对水体进行净化，保障水体水质安全。

【具体评价方式】

本条适用于各类民用建筑的预评价、评价。未设室外景观水体的项目，本条可直接得分。室外景观水体的补水没有利用雨水或雨水利用量不满足要求时，本条不得分。

预评价查阅室外给水排水设计说明、室外雨水平面图、雨水利用设施工艺图或详图等室外给水排水设计文件，室外总平面竖向图、场地铺装平面图、种植图（含水生动植物配置要求）、雨水生态处理设施详图、水景详图等景观设计文件，水景补水水量平衡计算书。

评价查阅预评价方式涉及的竣工文件，水景补水水量平衡计算书。已投入使用的项目，尚应查阅景观水体补水用水计量记录、景观水体水质检测报告等。

7.2.13 使用非传统水源，评价总分值为15分，并按下列规则分别评分并累计：

1 绿化灌溉、车库及道路冲洗、洗车用水采用非传统水源的用水量占其总用水量的比例不低于40%，得3分；不低于60%，得5分；

2 冲厕采用非传统水源的用水量占其总用水量的比例不低于30%，得3分；不低于50%，得5分；

3 冷却水补水采用非传统水源的用水量占其总用水量的比例不低于20%，得3分；不低于40%，得5分。

【条文说明扩展】

“采用非传统水源的用水量占其总用水量的比例”指项目某部分杂用水采用非传统水源的用水量占该部分杂用水总用水量的比例，且非传统水源用水量、总用水量均为年用水量。设计阶段的年用水量由设计平均日用水量和用水时间计算得出。设计平均日用水量应根据节水用水定额和设计用水单元数量计算得出，节水用水定额取值详见现行国家标准《民用建筑节水设计标准》GB 50555。

按利用市政再生水申报的项目，未利用市政再生水，且无法提供中水用水协议或者仅为远期规划的市政再生水时，本条不得分；按自建再生水申报的项目，建筑中水或雨水回用系统未配套建设时，本条不得分。

非传统水源的选择与利用方案应通过经济技术比较确定：

第1款，雨水作为一种可以利用的水资源，具有时间分布不均匀和原水水质相对较优的特点，适合于间歇性利用或季节性利用，比如用于绿化灌溉、车库及道路冲洗、洗车用水、景观水体补水、冷却水补水等用途。项目设计有雨水调蓄池时，可在调蓄容积上增加雨水回用容积作为杂用水水源使用。绿化灌溉用水采用非传统水源时，应符合现行国家标准《城市污水再生利用 绿地灌溉水质》GB/T 25499的要求；车库及道路冲洗、洗车用水采用非传统水源时，应符合现行国家标准《城市污水再生利用 城市杂用水水质》

GB/T 18920的要求。

当雨水回用系统与雨水调蓄系统合用蓄水设施时，蓄水设施需要在同一时间兼顾雨水回用与调蓄功能时，需要考虑二者所需容积的叠加。应根据项目所在地降雨气象资料和雨水回用需求，通过水量平衡分析，确定调蓄和回用的蓄水容积分配及排空方案，在不影响发挥雨水调蓄功能的前提下，满足雨水回用系统的储水需求。

对于年均降雨量大且大雨时间集中的地区，雨水回用系统与雨水调蓄排放系统如共用蓄水容积时，应通过管理手段，确保发挥雨水调蓄和回用的功能。如在降雨场次少的旱季，在不存在需要调蓄控制的大雨的时段，蓄水设施可以不排空，为回用储存更多的雨水；在降雨量大且大雨频繁的雨季，室外杂用水需求小，雨水池转为调蓄功能，需要及时（雨后12h内）排空所需的调蓄容积，确保实现雨水调蓄，此时段雨水收集量和回用量要予以扣减，应设计雨水调蓄所需的排水设施（12h排空）、和季节性水位控制策略，并应制定相应的运行管理规定和操作手册等。

第2款，中水和全年降水比较均衡地区的雨水适合于全年利用，比如冲厕等用途。冲厕采用非传统水源时，应符合现行国家标准《城市污水再生利用　城市杂用水水质》GB/T 18920的要求。

第3款，全年来看，冷却水用水时段与我国大多数地区的降雨高峰时段基本一致，因此收集雨水处理后用于冷却水补水，从水量平衡上容易达到吻合。使用非传统水源替代自来水作为冷却水补水水源时，其水质指标应满足现行国家标准《采暖空调系统水质标准》GB/T 29044中规定的空调冷却水的水质要求。

【具体评价方式】

本条适用于各类民用建筑的预评价、评价。不设置冷却补水系统的项目，第3款可直接得分；项目的空调系统由申报范围外的集中能源站提供冷源时，若能源站设有冷却补水系统，但未利用非传统水源作为冷却水补水或利用率不满足第3款要求时，第3款不得分。

预评价查阅水资源利用方案，非传统水源利用计算书（需要包含杂用水需用水量、非传统水源可利用量、设计利用量、补水水源等相关水量估算及水平衡分析），给水排水施工图设计说明（应落实水资源利用方案的内容，需要包含非传统水源来源说明）、处理设备工艺流程图和详图、供水系统图及平面图等施工图设计文件，中水用水协议（采用市政再生水时）。

评价查阅预评价方式涉及的竣工文件，水资源利用方案，非传统水源利用计算书，中水用水协议（采用市政再生水时）。已投入使用的项目，尚应查阅非传统水源用水量记录、非传统水源水质检测报告。

Ⅳ　节材与绿色建材

7.2.14　建筑所有区域实施土建工程与装修工程一体化设计及施工，评价分值为8分。

【条文说明扩展】

土建装修一体化设计，要求对土建设计、机电设计和装修设计统一协调，在土建设计时充分考虑建筑空间的功能改变的可能性及装饰装修（包括室内、室外、幕墙、陈设）、机电（暖通、电气、给水排水外露设备设施）设计的各方面需求，事先进行孔洞预留和装修面层固定件的预埋，避免在装修时对已有建筑构件打凿、穿孔。还可选用风格一致的整体吊顶、整体橱柜、整体卫生间等，这样既可减少设计的反复，又可以保证设计质量，做到一体化设计。

实践中，可由建设单位统一组织建筑主体工程和装修施工，也可由建设单位提供菜单式的装修做法由业主选择，统一进行图纸设计、材料购买和施工。在选材和施工方面，尽可能采取工业化制造的、具备稳定性、耐久性、环保性和通用性的设备和装修装置材料，从而在工程竣工验收时室内装修一步到位，避免破坏建筑构件和设施。

土建装修一体化施工，提前让机电、装修施工介入，综合考虑各专业需求，避免发生错漏碰缺、工序颠倒、操作空间不足、成品破坏和污染等等后续无法补救的问题。采用BIM技术在土建和装修的施工阶段进行深化设计，整合各专业深化设计模型，可以预先发现各专业的碰撞，提前解决各专业交叉作业的碰撞和空间预留不足等问题，实现土建施工后装修施工的零变更。

【具体评价方式】

本条适用于各类民用建筑的预评价、评价。

预评价查阅土建、机电、装修各专业施工图等设计文件，重点核查结构、设备等土建设计预留条件与装修设计方案的一致性。

评价查阅预评价方式涉及的建筑及装修竣工图、验收报告、施工过程记录、实景照片等。

7.2.15 合理选用建筑结构材料与构件，评价总分值为10分，并按下列规则评分：

1 混凝土结构，按下列规则分别评分并累计：

1） 400MPa级及以上强度等级钢筋应用比例达到85%，得5分；

2） 混凝土竖向承重结构采用强度等级不小于C50混凝土用量占竖向承重结构中混凝土总量的比例达到50%，得5分。

2 钢结构，按下列规则分别评分并累计：

1） Q345及以上高强钢材用量占钢材总量的比例达到50%，得3分；达到70%，得4分；

2） 螺栓连接等非现场焊接节点占现场全部连接、拼接节点的数量比例达到50%，得4分；

3） 采用施工时免支撑的楼屋面板，得2分。

3 混合结构：对其混凝土结构部分、钢结构部分，分别按本条第1款、第2款进行评价，得分取各项得分的平均值。

【条文说明扩展】

本条中建筑结构材料主要指高强度钢筋、高强度混凝土、高强钢材。高强度钢筋包括400MPa级及以上受力普通钢筋；高强混凝土包括C50及以上混凝土；高强度钢材包括现行国家标准《钢结构设计标准》GB 50017规定的Q345级以上高强钢材。注意：在国家标准《低合金高强度结构钢》GB/T 1591－2018中，Q345钢材牌号已更改为Q355。

第 2 款第 3 点所指的施工时免支撑的楼屋面板，包括各种类型的钢筋混凝土叠合板或预应力混凝土叠合板，对于楼屋面采用工具式脚手架与配套定型模板施工的，可达到免抹灰效果。

第 3 款，对于混合结构，考虑混凝土、钢的组合作用优化结构设计，可达到较好的节材效果。当建筑结构材料与构件中的地上所有竖向承重构件为钢构件或者钢包混凝土构件，楼面结构是钢梁与混凝土组合楼面时，按第 2 款计算分值。

【具体评价方式】

本条适用于各类民用建筑的预评价、评价。

预评价查阅结构设计说明、结构施工图、材料预算清单等设计文件，各类材料用量比例计算书。

评价查阅预评价涉及内容的竣工文件，施工记录，各类材料用量比例计算书。

7.2.16 建筑装修选用工业化内装部品，评价总分值为 8 分。建筑装修选用工业化内装部品占同类部品用量比例达到 50%以上的部品种类，达到 1 种，得 3 分；达到 3 种，得 5 分；达到 3 种以上，得 8 分。

【条文说明扩展】

本条所指的工业化内装部品主要包括整体卫浴、整体厨房、装配式吊顶、干式工法地面、装配式内墙、管线集成与设备设施等。

> 《装配式建筑评价标准》GB/T 51129－2017
>
> 2.0.4 集成厨房
>
> 地面、吊顶、墙面、橱柜、厨房设备及管线等通过设计集成、工厂生产，在工地主要采用干式工法装配而成的厨房。
>
> 2.0.5 集成卫生间
>
> 地面、吊顶、墙面和洁具设备及管线等通过设计集成、工厂生产，在工地主要采用干式工法装配而成的卫生间。

装配式内墙一般指非砌筑墙体，主要包括：大中型板材、幕墙、木骨架或轻钢骨架复合墙；这些非砌筑墙体主要特征是工厂生产、现场安装、以干法施工为主，适合产品集成。

工业化内装部品占同类部品用量比例可按国家标准《装配式建筑评价标准》GB/T 51129－2017 第 4.0.8～4.0.13 条规定计算，当计算比例达到 50%及以上时可认定为 1 种。

当裙房建筑面积较大时，或建筑使用功能、主体功能形式等存在较大差异时，主楼与裙房可先分别评价并计算得分，然后按照建筑面积的权重进行折算。

【具体评价方式】

本条适用于各类民用建筑的预评价、评价。

预评价查阅建筑、装修、工业化内装部品等的设计文件，工业化内装部品用量比例计算书。

评价查阅预评价涉及内容的竣工文件，工业化内装部品用量比例计算书。

7.2.17 选用可再循环材料、可再利用材料及利废建材，评价总分值为12分，并按下列规则分别评分并累计：

1 可再循环材料和可再利用材料用量比例，按下列规则评分：

1) 住宅建筑达到6%或公共建筑达到10%，得3分。

2) 住宅建筑达到10%或公共建筑达到15%，得6分。

2 利废建材选用及其用量比例，按下列规则评分：

1) 采用一种利废建材，其占同类建材的用量比例不低于50%，得3分。

2) 选用两种及以上的利废建材，每一种占同类建材的用量比例均不低于30%，得6分。

【条文说明扩展】

本条的评价范围是永久性安装在工程中的建筑材料，不包括电梯等设备。

第1款，可再利用材料指的是在不改变材料的物质形态情况下直接进行再利用，或经过简单组合、修复后可直接再利用的土建及装饰装修材料，如旧钢架、旧木材、旧砖等；可再循环材料指的是需要通过改变物质形态可实现循环利用的土建及装饰装修材料，如钢筋、铜、铝合金型材、玻璃、石膏、木地板等；还有的建筑材料则既可以直接再利用又可以回炉后再循环利用，例如旧钢结构型材等。以上各类材料均可纳入本条范畴。施工过程中产生的回填土、使用的模板等不在本条范畴中。

计算可再循环材料和可再利用材料用量比例时，分子为申报项目各类可再循环材料和可再利用材料重量之和，分母为全部建筑材料总重量。

第2款，利废建材即"以废弃物为原料生产的建筑材料"，是指在满足安全和使用性能的前提下，使用废弃物等作为原材料生产出的建筑材料，要求其中废弃物掺量（重量比）不低于生产该建筑材料总量的30%，且该建筑材料的性能同时满足相应的国家或行业标准的要求。废弃物主要包括建筑废弃物、工业废料和生活废弃物。在满足使用性能的前提下，鼓励利用建筑废弃混凝土，生产再生骨料，制作成混凝土砌块、水泥制品或配制再生混凝土；鼓励利用工业废料、农作物秸秆、建筑垃圾、淤泥为原料制作成水泥、混凝土、墙体材料、保温材料等建筑材料；鼓励以工业副产品石膏制作成石膏制品；鼓励使用生活废弃物经处理后制成的建筑材料。

计算利废建材用量比例时，分子为某种利废建材重量，分母为该种利废建材所属的同类材料的总重量。当项目使用了多种利废建材，应针对每种单独计算，每种利废建材的用量比例均不应低于30%。

【具体评价方式】

本条适用于各类民用建筑的预评价、评价。

预评价查阅建筑等专业的设计说明、施工图、工程概预算材料清单等设计文件，各类材料用量比例计算书，各种建筑材料的使用部位及使用量一览表。

评价查阅预评价涉及内容的竣工文件，各类材料用量比例计算书，利废建材中废弃物掺量说明及证明材料，相关产品检测报告。

7.2.18 选用绿色建材，评价总分值为12分。绿色建材应用比例不低于30%，得4分；不低于50%，得8分；不低于70%，得12分。

【条文说明扩展】

本条所指绿色建材需通过相关评价认证方能得分，主要是指依据住房城乡建设部、工业和信息化部《绿色建材评价标识管理办法》开展的绿色建材评价标识。绿色建材应用比例应根据按下式计算，并按下表确定得分。

$$P=(S_1+S_2+S_3+S_4)/100\times100\% \tag{7-2}$$

式中：P——绿色建材应用比例；

S_1——主体结构材料指标实际得分值；

S_2——围护墙和内隔墙指标实际得分值；

S_3——装修指标实际得分值；

S_4——其他指标实际得分值。

表7-2 绿色建材使用比例计算表

计算项		计算要求	计算单位	计算得分
主体结构	预拌混凝土	80%≤比例≤100%	m^3	10～20*
	预拌砂浆	50%≤比例≤100%	m^3	5～10*
围护墙和内隔墙	非承重围护墙	比例≥80%	m^3	10
	内隔墙	比例≥80%	m^3	5
装修	外墙装饰面层涂料、面砖、非玻璃幕墙板等	比例≥80%	m^2	5
	内墙装饰面层涂料、面砖、壁纸等	比例≥80%	m^2	5
	室内顶棚装饰面层涂料、吊顶等	比例≥80%	m^2	5
	室内地面装饰面层木地板、面砖等	比例≥80%	m^2	5
	门窗、玻璃	比例≥80%	m^2	5
其他	保温材料	比例≥80%	m^2	5
	卫生洁具	比例≥80%	具	5
	防水材料	比例≥80%	m^2	5
	密封材料	比例≥80%	kg	5
	其他	比例≥80%	—	5/10

注：1 表中带“*”项的分值采用“内插法”计算，计算结果取小数点后1位。

2 预拌混凝土应包含预制部品部件的混凝土用量；预拌砂浆应包含预制部品部件的砂浆用量；围护墙、内隔墙采用预制构件时，计入相应体积计算；结构保温装修等一体化构件分别计入相应的墙体、装修、保温、防水材料计算公式进行计算。

表中最后一项的“其他”包括管材管件、遮阳设施、光伏组件等产品，此处每使用一种符合要求的产品得5分，但累计不超过10分。所涉材料如尚未开展绿色建材评价标识，则在式中分母的“100”中扣除相应的分值后计算。

【具体评价方式】

本条适用于各类民用建筑的预评价、评价。

预评价查阅建筑、土建、装修等专业的设计说明、施工图、工程概预算材料清单等设计文件，绿色建材应用比例计算分析报告。

评价查阅预评价涉及内容的竣工文件，绿色建材应用比例计算分析报告，相关产品的性能检测报告及绿色建材标识证书，施工记录。

8 环 境 宜 居

8.1 控 制 项

8.1.1 建筑规划布局应满足日照标准，且不得降低周边建筑的日照标准。

【条文说明扩展】

我国现行的住宅、宿舍、托儿所、幼儿园、中小学校、养老设施、医院等建筑设计标准都提出了具体的日照要求，在规划、设计时应遵照执行。对没有相应标准要求的建筑，符合当地城乡规划的要求即为达标。需要提醒的是，很多省市都出台了地方标准或规定，对建筑日照标准提出了更加严格的要求，在绿建设计咨询时应遵守。为便于执行本条，本细则列出了国家现行有关标准中涉及日照的主要条款：

《民用建筑设计统一标准》GB 50352－2019

2.0.12 日照标准

根据建筑物所处的气候区、城市规模和建筑物的使用性质确定的，在规定的日照标准日（冬至日或大寒日）的有效日照时间范围内，以有日照要求楼层的窗台面为计算起点的建筑外窗获得的日照时间。

4.2.3（4） 新建建筑物或构筑物应满足周边建筑物的日照标准。

《城市居住区规划设计规范》GB 50180－2018

4.0.9 住宅建筑的间距应符合表 4.0.9 的规定；对特定情况，还应符合下列规定：

1 老年人居住建筑日照标准不应低于冬至日日照时数 2h；

2 在原设计建筑外增加任何设施不应使相邻住宅原有日照标准降低，既有住宅建筑进行无障碍改造加装电梯除外；

3 旧区改建项目内新建住宅建筑日照标准不应低于大寒日日照时数 1h。

表 4.0.9 住宅建筑日照标准

气候区划	Ⅰ、Ⅱ、Ⅲ、Ⅶ气候区		Ⅳ气候区		Ⅴ、Ⅵ气候区
城区常住人口（万人）	≥50	<50	≥50	<50	无限定
日照标准日	大寒日			冬至日	
日照时数（h）	≥2	≥3		≥1	

续表 4.0.9

气候区划	Ⅰ、Ⅱ、Ⅲ、Ⅶ气候区	Ⅳ气候区	Ⅴ、Ⅵ气候区
有效日照时间带（当地真太阳时）	8时～16时		9时～15时
计算起点	底层窗台面		

注：底层窗台是距室内地坪0.9m高的外墙位置。

《住宅设计规范》GB 50096－2011

6.9.1 卧室、起居室（厅）、厨房不应布置在地下室；当布置在半地下室时，必须对采光、通风、日照、防潮、排水及安全防护采取措施，并不得降低各项指标要求。

7.1.1 每套住宅应至少有一个居住空间能获得冬季日照。

《宿舍建筑设计规范》JGJ 36－2016

3.1.2 宿舍基地宜有日照条件，且采光、通风良好。

《托儿所、幼儿园建筑设计规范》JGJ 39－2016（2019年版）

3.2.8 托儿所、幼儿园的活动室、寝室及具有相同功能的区域应布置在当地最好朝向，冬至日底层满窗日照不应小于3h。

《中小学校设计规范》GB 50099－2011

4.3.3 普通教室冬至日满窗日照不应少于2h。

4.3.4 中小学校至少应有1间科学教室或生物实验室的室内能在冬季获得直射阳光。

《老年人照料设施建筑设计标准》JGJ 450－2018

4.1.1 老年人照料设施建筑基地应选择在工程地质条件稳定、不受洪涝灾害威胁、日照充足、通风良好的地段。

5.2.1 居室应具有天然采光和自然通风条件，日照标准不应低于冬至日日照时数2h。当居室日照标准低于冬至日日照时数2h时，老年人居住空间日照标准应按下列规定之一确定：

1 同一照料单元内的单元起居厅日照标准不应低于冬至日日照时数2h。

2 同一生活单元内至少1个居住空间日照标准不应低于冬至日日照时数2h。

《综合医院建筑设计规范》GB 51039－2014

4.2.6 病房建筑的前后间距应满足日照和卫生间距要求，且不宜小于12m。

本条是否达标的判断依据有两个，一是规划批复文件，二是依据设计文件进行的日照模拟分析。日照的模拟分析计算需执行现行国家标准《建筑日照计算参数标准》GB/T 50947。该标准适用于建筑及场地的日照计算，规定了通过物理模型与实测对比、地理参数影响、建筑附属物遮挡影响等试验，取得了日照基准年、采样点间距、计算误差的允许偏差等重要技术参数。主要技术内容包括数据要求、建模要求、计算参数与方法、计算结果与误差等。另外，日照计算分析报告的内容应符合行业标准《民用建筑绿色性能计算标准》JGJ/T 449－2018附录A的要求。

另一方面，还要求建筑布局兼顾周边，减少对相邻的住宅、幼儿园、老年人照料设施等有日照标准要求的建筑产生不利的日照遮挡。对于新建项目的建设，应确保周边建筑继续满足有关日照标准的要求。对于改造项目分两种情况：本项目改造前，周边建筑满足日照标准的，应保证其改造后仍符合相关日照标准的要求；本项目改造前，周边建筑未满足日照标准的，改造后不可再降低其原有的日照水平。

前述周边建筑的日照标准，现行标准对其日照标准有量化要求的（例如住宅、幼儿园生活用房），可通过模拟计算报告来判定达标；如非住宅建筑，现行标准对其日照标准没有量化的要求，则可不进行日照模拟计算，只要其满足控制项详细规划即可判定达标。

【具体评价方式】

本条适用于各类民用建筑的预评价、评价。

预评价查阅规划批复文件（建设工程规划许可证、建设用地规划许可证）、总平面设计图、日照模拟分析报告（注明遮挡建筑和被遮挡建筑）。

评价查阅预评价涉及内容的竣工文件，日照模拟分析报告，重点审核竣工图中的建筑布局及间距、遮挡建筑和被遮挡建筑的情况。

8.1.2 室外热环境应满足国家现行有关标准的要求。

【条文说明扩展】

对于城市居住区（城市中住宅建筑相对集中布局的地区），本条要求参评项目按现行行业标准《城市居住区热环境设计标准》JGJ 286进行热环境设计。行业标准《城市居住区热环境设计标准》JGJ 286－2013给出了两种设计方法，分别是规定性设计和评价性设计。

当按规定性设计时，需要进行设计计算，并满足行业标准《城市居住区热环境设计标准》JGJ 286－2013中有关室外环境的通风、遮阳、渗透与蒸发、绿地与绿化的规定性设计要求。当规定性设计不满足该标准第4.1.4、4.2.3、4.3.1、4.4.2条时，均应进行评价性设计。采用评价性设计时，仍应满足该标准第4.1.1、4.2.1条的规定。

《城市居住区热环境设计标准》JGJ 286－2013

2.1.4 迎风面积比

建筑物在设计风向上的迎风面积与最大可能迎风面积的比值。

2.1.5 平均迎风面积比

居住区或设计地块范围内各个建筑物的迎风面积比的平均值。

4.1.1 居住区的夏季平均迎风面积比应符合表4.1.1的规定。

表4.1.1 居住区的夏季平均迎风面积比（ζ_s）限值

建筑气候区	Ⅰ、Ⅱ、Ⅵ、Ⅶ建筑气候区	Ⅲ、Ⅴ建筑气候区	Ⅳ建筑气候区
平均迎风面积比（ζ_s）	≤0.85	≤0.80	≤0.70

4.1.4 在Ⅲ、Ⅳ、Ⅴ建筑气候区，当夏季主导风向上的建筑物迎风面宽度超过80m时，该建筑底层的通风架空率不应小于10%。当不满足本条文要求时，居住区的夏季逐时湿球黑球温度和夏季平均热岛强度应符合本标准第3.3.1条的规定。

4.2.1 居住区夏季户外活动场地应有遮阳，遮阳覆盖率不应小于表4.2.1的规定。

表4.2.1 居住区活动场地的遮阳覆盖率限值（%）

场地	建筑气候区	
	Ⅰ、Ⅱ、Ⅵ、Ⅶ	Ⅲ、Ⅳ、Ⅴ
广场	10	25
游憩场	15	30
停车场	15	30
人行道	25	50

4.3.1 居住区户外活动场地和人行道路地面应有雨水渗透与蒸发能力，渗透与蒸发指标不应低于表4.3.1的规定。当不满足本条文要求时，居住区的夏季逐时湿球黑球温度和夏季平均热岛强度应符合本标准第3.3.1条的规定。

表4.3.1 居住区地面的渗透与蒸发指标

地面	Ⅰ、Ⅱ、Ⅵ、Ⅶ建筑气候区			Ⅲ、Ⅳ、Ⅴ建筑气候区		
	渗透面积比率β（%）	地面透水系数k（mm/s）	蒸发量m（kg/（m^2·d））	渗透面积比率β（%）	地面透水系数k（mm/s）	蒸发量m（kg/（m^2·d））
广场	40	3	1.6	50	3	1.3
游憩场	50			60		
停车场	60			70		
人行道	50			60		

4.4.1 城市居住区详细规划阶段热环境设计时，居住区应做绿地和绿化，绿地率不应低于30%，每100m^2绿地上不少于3株乔木。

4.4.2 居住区内建筑屋面的绿化面积不应低于可绿化屋面面积的50%。当不满足本条文要求时，居住区的夏季逐时湿球黑球温度和夏季平均热岛强度应符合本标准第3.3.1条的规定。

当按评价性设计时，行业标准《城市居住区热环境设计标准》JGJ 286－2013规定。

《城市居住区热环境设计标准》JGJ 286－2013

3.3.1 当进行评价性设计时，应采用逐时湿球黑球温度和平均热岛强度作为居住区热环境的设计指标，设计指标应符合下列规定：

1 居住区夏季逐时湿球黑球温度不应大于33℃；

2 居住区夏季平均热岛强度不应大于1.5℃。

对于迎风面积比、平均迎风面积比等术语，其内涵和计算方法等，详见行业标准《城市居住区热环境设计标准》JGJ 286－2013的正文及条文说明。平均热岛强度计算报告应符合行业标准《民用建筑绿色性能计算标准》JGJ/T 449－2018附录A的要求。

【具体评价方式】

本条适用于各类民用建筑的预评价、评价。如项目处于非居住区规划范围内，符合其城乡规划的要求可判定为达标。

预评价查阅室外景观总平面图、乔木种植平面图、构筑物设计详图（需含构筑物投影面积值）、屋面做法详图及道路铺装详图等设计文件，场地热环境计算报告。

评价查阅预评价涉及内容的竣工文件，场地热环境计算报告（如为规定性设计，应包含迎风面积比、遮阳覆盖率、渗透与蒸发指标、绿化等内容；如为评价性设计，应包含平均迎风面积比、遮阳覆盖率、逐时湿球黑球温度和平均热岛强度）。

8.1.3 配建的绿地应符合所在地城乡规划的要求，应合理选择绿化方式，植物种植应适应当地气候和土壤，且应无毒害、易维护，种植区域覆土深度和排水能力应满足植物生长需求，并应采用复层绿化方式。

【条文说明扩展】

所谓合理选择绿化方式，是指鼓励各类公共建筑进行屋顶绿化和墙面垂直绿化。这样既能增加绿化面积，又可以改善屋顶和墙壁的保温隔热效果。例如，垂直绿化利用檐、墙、杆、栏等栽植藤本植物、攀缘植物和垂吊植物，达到防护、绿化和美化等效果，适合在西向、东向和南向等处种植。采用屋顶绿化方式时，应有适量的绿化面积。因各地气候条件和具体建筑的情况差异较大，从因地制宜的角度，条文中未做统一要求。

选择当地物种，更易于成活，并能突出地方物种特色，降低维护成本。选择无毒害的物种，能够保证绿化的安全和人身健康。

种植区域的覆土深度因所处地域不同会有差异，因此应满足申报项目所在地园林主管部门对覆土深度的要求，并应满足乔、灌、草自然生长的需要。通常满足植物生长需求的覆土深度为：乔木大于1.2m，深根系乔木大于1.5m，灌木大于0.5m，草坪大于0.3m。本条要求合理搭配乔木、灌木和草坪，以乔木为主，灌木填补林下空间，地面栽花种草，在垂直面上形成乔、灌、草空间互补和重叠的效果。根据植物的不同特性（如高矮、冠幅大小、光及空间需求等）差异而取长补短，相互兼容，进行立体多层次种植，提高绿地的空间利用率、增加绿量，使有限的绿地发挥更大的生态效益和景观效益。对于住宅建筑，绿地配置乔木不少于3株/100m^2。

【具体评价方式】

本条适用于各类民用建筑的预评价、评价。

预评价查阅规划批复文件、室外景观总平面图、乔木种植平面图、苗木表等景观专业设计文件，涉及屋顶绿化、垂直绿化的建筑、结构、排水等专业设计文件。

评价查阅规划批复文件、预评价方式涉及的竣工验收报告，植物订购合同、苗木出圃证明等，必要的实景影像资料。重点审核其绿化区域和面积、覆土深度、排水能力。

8.1.4 场地的竖向设计应有利于雨水的收集或排放，应有效组织雨水的下渗、滞蓄或再利用；对大于 10hm^{2}的场地应进行雨水控制利用专项设计。

【条文说明扩展】

场地竖向设计，不仅仅是为了雨水的回收利用，还能防止因降雨导致场地积水或内涝。因此，无论是在水资源丰富的地区还是在水资源贫乏的地区，均应按照现行行业标准《城乡建设用地竖向规划规范》CJJ 83 要求，根据工程项目场地条件及所在地年降水量等因素，有效组织雨水下渗、滞蓄，并进行雨水下渗、收集或排放的技术经济分析和合理选择。

实践证明，小型的、分散的雨水管理设施尤其适用于建设场地的开发。对大于 10hm^{2}的场地，进行雨水控制与利用专项设计，能够有效避免实际工程中针对某个子系统（雨水利用、径流减排、污染控制等）进行独立设计所带来的诸多资源配置和统筹衔接不当的问题。不大于 10hm^{2}的项目，也应根据场地条件合理采用雨水控制利用措施，编制场地雨水综合控制利用方案。

【具体评价方式】

本条适用于各类民用建筑的预评价、评价。

预评价查阅地形图、场地竖向设计、雨水控制利用专项规划设计（大于 10hm^{2}的场地）或方案（不大于 10hm^{2}的场地）等设计文件，年径流总量控制率计算书、设计控制雨量计算书。

评价查阅预评价涉及内容的竣工文件，年径流总量控制率计算书、设计控制雨量计算书。

8.1.5 建筑内外均应设置便于识别和使用的标识系统。

【条文说明扩展】

日常生活、工作及娱乐消费活动中经常能遇到居住区和公共建筑内外标识缺失或不易被识别的情况，给使用者带来极大的困扰。因此本次修订将标识系统纳入控制项，以引起重视。

住宅和公共建筑涉及的标识类别很多，例如，人车分流标识、公共交通接驳引导标识、易于老年人识别的标识、满足儿童使用需求与身高匹配的标识、无障碍标识、楼座及配套设施的定位标识、健身慢行道导向标识、健身楼梯间导向标识、公共卫生间导向标识，以及其他促进建筑便捷使用的导向标识等。公共建筑的标识系统应当执行现行国家标准《公共建筑标识系统技术规范》GB/T 51223，住宅建筑可以参照执行。

《公共建筑标识系统技术规范》GB/T 51223－2017

3.1.3 公共建筑标识系统应包括导向标识系统和非导向标识系统。导向标识系统的构成应符合表 3.1.3 的规定。

表 3.1.3 导向标识系统构成及功能

序号	系统构成		功能	设置范围
1	通行导向标识系统	人行导向标识系统	引导使用者进入、离开及转换公共建筑区域空间	临近公共建筑的道路、道路平面交叉口、公共交通设施至公共建筑的空间，以及公共建筑附近的城市规划建筑红线内外区域及地面出入口、内部交通空间等
		车行导向标识系统		
2	服务导向标识系统		引导使用者利用公共建筑服务功能	公共建筑所有使用空间
3	应急导向标识系统		在突发事件下引导使用者应急疏散	公共建筑所有使用空间

4.1.2 对于新建的公共建筑，导向标识系统设计应与建筑设计、景观设计、室内设计协同进行。

4.3.3 导向标识系统的信息架构应符合下列规定：

1 同一种类型标识信息宜区分信息的重要程度，可在统一版面布置；

2 不同类型标识信息宜版面单独设置；

3 有无障碍设施空间环境中，应设置无障碍信息；

4 导向标识信息系统应具有便于及时更新与扩充内容的可调整性。

标识系统各类标识中信息的传递应优先使用图形标识，且图形标识应符合现行国家标准《标志用公共信息图形符号》GB/T 10001.2～6、9 的规定，并应符合现行国家标准《公共信息导向系统　导向要素的设计原则与要求》GB/T 20501.1、2 的规定。边长3mm～10mm 的印刷品公共信息图形标识应符合现行国家标准《公共信息图形符号　第1部分：通用符号》GB 10001.1 的规定。

另外，标识的辨识度要高，安装位置和高度要适宜，易于被发现和识别，尤其避免将标识安装在活动物体上，例如将厕所的标识安装在门上时，会因门打开而不容易看到。对于居住区和公共建筑群，在场地主出入口应当设置总平面布置图，标注出楼号及建筑主出入口等信息。

【具体评价方式】

本条适用于各类民用建筑的预评价、评价。

预评价查阅总平面图、标识系统设计文件。

评价查阅预评价方式涉及的竣工文件，必要的实景照片。重点审核：①建筑内外是否均设置了标识系统；②标识的辨识度、安装位置；③居住区和公共建筑群的场地主出入口处是否设置总平面布置图等。

8.1.6 场地内不应有排放超标的污染源。

【条文说明扩展】

建筑场地内不应存在未达标排放或者超标排放的气态、液态或固态的污染源。例如：

易产生噪声的运动和营业场所，油烟未达标排放的厨房，煤气或工业废气超标排放的燃煤锅炉房，污染物排放超标的垃圾堆等。若有污染源应积极采用相应的治理措施并达标排放。

常见的污染源需执行的标准包括现行国家标准《大气污染物综合排放标准》GB 16297、《饮食业油烟排放标准》GB 18483、《污水综合排放标准》GB 8978、《医疗机构水污染物排放标准》GB 18466、《污水排入城镇下水道水质标准》GB/T 31962 等。

需要强调两点：一是建设时场地内及周边不能存在污染源，既有的污染源必须经治理合格；二是建成后，不能产生新的污染源。

【具体评价方式】

本条适用于各类民用建筑的预评价、评价。

预评价查阅环评报告书（表），治理措施分析报告（应包括对污染物防治的措施分析）。如无环评报告，需提供评价所需的环境影响自评估报告。

评价查阅环评报告书（表），治理措施分析报告（应包括对污染物防治的措施分析及落实情况），必要的检测报告等。如无环评报告，需提供评价所需的环境影响自评估报告。

8.1.7 生活垃圾应分类收集，垃圾容器和收集点的设置应合理并应与周围景观协调。

【条文说明扩展】

为推进生活垃圾分类工作，国务院、住房城乡建设部等先后印发了《国务院办公厅关于转发国家发展改革委、住房城乡建设部生活垃圾分类制度实施方案的通知》（国办发〔2017〕26 号）、《住房和城乡建设部等部门关于在全国地级及以上城市全面开展生活垃圾分类工作的通知》（建城〔2019〕56 号）。

目前，生活垃圾一般分四类，包括有害垃圾、易腐垃圾（厨余垃圾）、可回收垃圾和其他垃圾。①有害垃圾主要包括：废电池（镉镍电池、氧化汞电池、铅蓄电池等），废荧光灯管（日光灯管、节能灯等），废温度计，废血压计，废药品及其包装物，废油漆、溶剂及其包装物，废杀虫剂、消毒剂及其包装物，废胶片及废相纸等。②易腐垃圾（厨余垃圾）包括剩菜剩饭、骨头、菜根菜叶、果皮等可腐烂有机物。③可回收垃圾主要包括：废纸，废塑料，废金属，废包装物，废旧纺织物，废弃电器电子产品，废玻璃，废纸塑铝复合包装，大件垃圾等。有害垃圾、易腐垃圾（厨余垃圾）、可回收垃圾应分别收集。有害垃圾必须单独收集、单独清运。

垃圾收集设施规格和位置应符合国家有关标准的规定，其数量、外观色彩及标志应符合垃圾分类收集的要求，并置于隐蔽、避风处，与周围景观相协调。垃圾收集设施应坚固耐用，防止垃圾无序倾倒和露天堆放。同时，在垃圾容器和收集点布置时，重视垃圾容器和收集点的环境卫生与景观美化问题，做到密闭并相对位置固定，保持垃圾收集容器、收集点整洁、卫生、美观。

行业标准《城市生活垃圾分类及其评价标准》CJJ/T 102－2004 要求垃圾分类结合本地区垃圾的特性和处理方式选择垃圾分类方法，对于垃圾分类的操作，该标准要求按本地区垃圾分类指南进行操作，并对垃圾投放、垃圾容器、垃圾收集等有具体要求。此外，国家标准《生活垃圾分类标志》GB/T 19095－2008 对垃圾分类标志有具体规定，目前正在修订。当本地区有高于或严于国家要求的垃圾分类地方标准时，应同时执行。

行业标准《环境卫生设施设置标准》CJJ 27－2012 第 3.1、3.2、3.3、4.2 节对废物箱、垃圾垃圾收集站（点）的设置有具体规定，此处不再详述。行业标准《生活垃圾收集站技术规程》CJJ 179－2012 对垃圾收集站（点）的规划、设计、建设、验收、运行及维护均有要求，其设计要求包括高效、节能、环能、安全、卫生等，设备选型也应标准化、系列化。

【具体评价方式】

本条适用于各类民用建筑的预评价、评价。

预评价时，查阅环境卫生专业设计说明、设备材料表等设计文件，垃圾分类收集设施布置图。

评价查阅预评价涉及内容的竣工文件，垃圾收集设施布置图。投入使用的项目，尚应查阅的垃圾管理制度（特别应明确垃圾分类方式）。

8.2 评 分 项

Ⅰ 场地生态与景观

8.2.1 充分保护或修复场地生态环境，合理布局建筑及景观，评价总分值为10分，并按下列规则评分：

1 保护场地内原有的自然水域、湿地、植被等，保持场地内的生态系统与场地外生态系统的连贯性，得10分。

2 采取净地表层土回收利用等生态补偿措施，得10分。

3 根据场地实际状况，采取其他生态恢复或补偿措施，得10分。

【条文说明扩展】

本条所列3款，符合其中任1款即可得满分10分。但其中也有一定的优先顺序，即优先做到前两款，只有当前两款的情况都不存在，才可适用第3款。当采取其他生态恢复或补偿措施时，需要进行详细的技术说明，证明确实能够实现生态恢复或补偿。

第1款，建设项目的规划设计应对场地可利用的自然资源进行勘查，充分利用原有地形地貌进行场地设计和建筑布局，尽量减少土石方量，减少开发建设过程对场地及周边环境生态系统的改变，包括原有植被、水体、山体等，特别是胸径在15cm～40cm的中龄期以上的乔木。场地内外生态连接，能够打破生态孤岛，有利于物种的存续及生物多样性保护。

第2款，在建设过程中确需改造场地内的地形、地貌等环境状态时，应在工程结束后及时采取生态复原措施，减少对原场地环境的破坏。场地表层土的保护和回收利用是土壤资源保护、维持生物多样性的重要方法之一，也是提高绿化成活率、降低后期复种成本的有效手段。建设项目的场地施工应合理安排，分类收集、保存并利用原场地的表层土。

第3款，当原场地无自然水体或中龄期以上的乔木、不存在可利用或可改良利用的表层土时，可根据场地实际状况，采取其他生态恢复或补偿措施。例如，在场地内规划设计多样化的生态体系，为本土动物提供生物通道和栖息场所；采用生态驳岸、生态浮岛等措施增加本地生物生存活动空间。本款可以结合本标准第8.1.4、8.2.2/8.2.5条一并进行设计和实施。

【具体评价方式】

本条适用于各类民用建筑的预评价、评价。

预评价查阅场地原地形图，带地形的规划设计图、总平面图、竖向设计图、景观设计总平面图等设计文件，生态补偿方案，重点审核是否出现符合本条第1、2款的情况及恢复补偿措施。

评价查阅预评价涉及内容的竣工文件，还查阅生态补偿方案（植被保护方案及记录、水面保留方案、表层土利用相关图纸及说明文件、表层土收集利用量计算书等），施工记录，影像资料。

8.2.2 规划场地地表和屋面雨水径流，对场地雨水实施外排总量控制，评价总分值为10分。场地年径流总量控制率达到55%，得5分；达到70%，得10分。

【条文说明扩展】

年径流总量控制率是指通过自然和人工强化的入渗、滞蓄、调蓄和收集回用，场地内累计一年得到控制的雨水量占全年总降雨量的比例。外排总量控制包括径流减排、污染控制、雨水调节和收集回用等，应依据场地的实际情况，通过合理的技术经济比较，来确定最优方案。对于湿陷性黄土地区等地质、气候等自然条件特殊地区，应根据当地相关规定实施雨水控制利用。

出于维持场地生态、基流的需要，年径流总量控制率不宜大于85%。年径流总量控制率为55%、70%或85%时对应的降雨量（日值）为设计控制雨量，参考表8-1。考虑到地理差异、气候变化的趋势和周期性，下表数据时效性有一定的局限，推荐采用最近30年的统计数据。如申报项目所在地已发布更有针对性或更新的统计结果，需按地方统计结果计算年径流总量控制率。

表8-1 年径流总量控制率对应的设计控制雨量

城市	年均降雨量（mm）	年径流总量控制率对应的设计控制雨量（mm）		
		55%	70%	85%
北京	544	11.5	19.0	32.5
长春	561	7.9	13.3	23.8
长沙	1501	11.3	18.1	31.0
成都	856	9.7	17.1	31.3
重庆	1101	9.6	16.7	31.0

续表 8-1

城市	年均降雨量（mm）	年径流总量控制率对应的设计控制雨量（mm）		
		55%	70%	85%
福州	1376	11.8	19.3	33.9
广州	1760	15.1	24.4	43.0
贵阳	1092	10.1	17.0	29.9
哈尔滨	533	7.3	12.2	22.6
海口	1591	16.8	25.1	51.1
杭州	1403	10.4	16.5	28.2
合肥	984	10.5	17.2	30.2
呼和浩特	396	7.3	12.0	21.2
济南	680	13.8	23.4	41.3
昆明	988	9.3	15.0	25.9
拉萨	442	4.9	7.5	11.8
兰州	308	5.2	8.2	14.0
南昌	1609	13.5	21.8	37.4
南京	1053	11.5	18.9	34.2
南宁	1302	13.2	22.0	38.5
上海	1158	11.2	18.5	33.2
沈阳	672	10.5	17.0	29.1
石家庄	509	10.1	17.3	31.2
太原	419	7.6	12.5	22.5
天津	540	12.1	20.8	38.2
乌鲁木齐	282	4.2	6.9	11.8
武汉	1308	14.5	24.0	42.3
西安	543	7.3	11.6	20.0
西宁	386	4.7	7.4	12.2
银川	184	5.2	8.7	15.5
郑州	633	11.0	18.4	32.6

注：1 表中的统计数据年限为 1977～2006 年。

2 其他城市的设计控制雨量，可参考所列类似城市的数值，或依据当地降雨资料进行统计计算确定。

设计时应根据年径流总量控制率对应的设计控制雨量来确定雨水设施规模和最终方案，有条件时，可通过相关雨水控制利用模型进行设计计算；也可采用简单计算方法，通过设计控制雨量、场地综合径流系数、总汇水面积来确定项目雨水设施需要的总规模，再分别计算滞蓄、调蓄和收集回用等措施实现的控制容积，达到设计控制雨量对应的控制规模要求，即判定得分。

当雨水回用系统与雨水调蓄排放系统合用蓄水设施时，应采取措施保证雨水回用系统储水不影响雨水调蓄功能的发挥，具体详见本标准第 7.2.12 条。当同一雨水蓄水设施在一年中的不同时段交替用于雨水回用或调蓄功能时，实现的回用容积应酌情扣减，不能重复计算。

雨水控制设施规模的计算与设计，应与相应的汇水区域一一对应。当项目申报范围内只有部分汇水区域对应设置了雨水控制措施，或者不同汇水区域各自设置了不同雨水控制措施时，应对各汇水区域分别计算年径流总量控制率，再根据各汇水区域面积占项目总用地面积的比例加权平均计算项目总体的年径流总量控制率。

【具体评价方式】

本条适用于各类民用建筑的预评价、评价。

预评价查阅室外给水排水设计说明、室外雨水平面图、雨水利用设施工艺图或调蓄设施详图等室外给水排水专业设计文件，总平面竖向图、场地铺装平面图、种植图、雨水生态调蓄、处理设施详图等景观专业设计文件，年径流总量控制率计算书、设计控制雨量计算书、场地雨水综合利用方案等。重点审查场地雨水综合利用方案在设计文件中的落实情况。

评价查阅预评价方式涉及的竣工文件，年径流总量控制率计算书、设计控制雨量计算书、场地雨水综合利用设施的完工情况。重点审查场地雨水综合利用设计内容在项目现场的落实情况。

8.2.3 充分利用场地空间设置绿化用地，评价总分值为 16 分，并按下列规则评分：

1 住宅建筑按下列规则分别评分并累计：

1）绿地率达到规划指标 105%及以上，得 10 分；

2）住宅建筑所在居住街坊内人均集中绿地面积，按表 8.2.3 的规则评分，最高得 6 分。

表 8.2.3 住宅建筑人均集中绿地面积评分规则

人均集中绿地面积 A_g（m^2/人）		得分
新区建设	旧区改建	
0.50	0.35	2
$0.50<A_g<0.60$	$0.35<A_g<0.45$	4
$A_g \geq 0.60$	$A_g \geq 0.45$	6

2 公共建筑按下列规则分别评分并累计：

1）公共建筑绿地率达到规划指标105%及以上，得10分；

2）绿地向公众开放，得6分。

【条文说明扩展】

第1款，依据国家标准《城市居住区规划设计标准》GB 50180－2018第4.0.2、4.0.3、4.0.7条规定，绿地率是居住街坊内绿地面积之和占该居住街坊用地面积的比率（%）。绿地率可依据建设项目所在地规划行政主管部门核发的“规划条件”提出的控制要求作为“规划指标”进行核算，绿地的具体计算方法应符合国家标准《城市居住区规划设计标准》GB 50180－2018附录A第A.0.2条的规定。

集中绿地是指住宅建筑在居住街坊范围应配套建设、可供居民休憩、开展户外活动的绿化场地。集中绿地要求宽度不小于8m，面积不小于400m²，应设置供幼儿、老年人在家门口日常户外活动的场地，并应有不少于1/3的绿地面积在标准的建筑日照阴影线（即日照标准的等时线）范围之外。

第2款，绿地率应依据建设项目所在地城乡规划行政主管部门核发的“规划条件”进行核算。本款第2项，对幼儿园、小学、中学、医院等建筑的绿地，评价时可视为向社会公众开放，可直接得相应分值。对没有可开放绿地的其他公共建筑建设项目，本项不得分。

【具体评价方式】

本条适应于各类民用建筑的与评价、评价。

预评价时，查阅规划许可的规划条件、建设用地规划许可证、所在城市园林绿化有关管理规定、建设项目规划设计总平面图、日照分析报告（涉及居住街坊集中绿地时）、绿地规划设计图及其计算书、公共建筑项目绿地向社会开放实施方案。重点审核居住街坊集中绿地是否符合日照要求，实土绿地与覆土绿地的位置、面积、覆土深度。

评价查阅预评价涉及内容的竣工文件及相关计算分析文件。

8.2.4 室外吸烟区位置布局合理，评价总分值为9分，并按下列规则分别评分并累计：

1 室外吸烟区布置在建筑主出入口的主导风的下风向，与所有建筑出入口、新风进气口和可开启窗扇的距离不少于8m，且距离儿童和老人活动场地不少于8m，得5分；

2 室外吸烟区与绿植结合布置，并合理配置座椅和带烟头收集的垃圾筒，从建筑主出入口至室外吸烟区的导向标识完整、定位标识醒目，吸烟区设置吸烟有害健康的警示标识，得4分。

【条文说明扩展】

本条是与本标准第5.1.1条衔接的，通过“堵疏结合”，实现建筑室内禁烟。室外吸烟区的选择还须避免人员密集区、有遮阴的人员聚集区，建筑出入口、雨棚等半开敞的空间、可开启窗户、建筑新风引入口、儿童和老年人活动区域等位置。8m指的是直线距离。吸烟区内须配置垃圾筒和吸烟有害健康的警示标识。对于居住区、大型公共建筑群等，可以根据场地条件，设置多个室外吸烟区。

《国务院关于实施健康中国行动的意见》(国发〔2019〕13号) 提出“鼓励领导干部、医务人员和教师发挥控烟引领作用”，因此，幼儿园、中小学校等的场地内不得设置室外吸烟区，并应当设置禁烟标识。

【具体评价方式】

本条适应于各类民用建筑的与评价、评价。

预评价查阅项目总图、含吸烟区布置的景观施工图。

评价查阅预评价内容涉及的竣工文件，必要的实景照片等。重点审核：室外吸烟区在总平面图上的布置点，直线距离是否不少于8m，不设吸烟区的场地内是否设置禁烟标识。

8.2.5 利用场地空间设置绿色雨水基础设施，评价总分值为15分，并按下列规则分别评分并累计：

1 下凹式绿地、雨水花园等有调蓄雨水功能的绿地和水体的面积之和占绿地面积的比例达到40%，得3分；达到60%，得5分；

2 衔接和引导不少于80%的屋面雨水进入地面生态设施，得3分；

3 衔接和引导不少于80%的道路雨水进入地面生态设施，得4分；

4 硬质铺装地面中透水铺装面积的比例达到50%，得3分。

【条文说明扩展】

绿色雨水基础设施通常包括雨水花园、下凹式绿地、屋顶绿化、植被浅沟、雨水塘、雨水湿地、景观水体等。绿色雨水基础设施有别于传统的灰色雨水设施（雨水口、雨水管道、调蓄池等），能够以自然的方式削减雨水径流、控制径流污染、保护水环境。

第1款，能调蓄雨水的景观绿地包括下凹式绿地、雨水花园、树池、干塘等。本款进行比例计算时，作为分母的“绿地面积”指计入绿地率的绿地（含水面）的总面积。场地竖向应合理设计室外广场、道路、绿地等的标高，设计应保证周边道路和场地的雨水能重力自流进入下凹绿地、雨水花园、树池、干塘等的。

第2、3款分别针对屋面和道路。地面生态设施是指下凹式绿地、植草沟、树池等，即在地势较低的区域种植植物，通过植物截流、土壤过滤滞留处理小流量径流雨水，达到控制径流污染的目的。要求80%的屋面和道路排放的雨水采用断接方式。通过雨水断接、场地竖向组织等措施，引导屋面雨水和道路雨水进入地面生态设施进行调蓄、下渗和利用，保证雨水在滞蓄和排放过程中有良好的衔接关系，保障排入自然水体、景观水体或市政雨水管的雨水的水质、水量安全。屋面雨水采用断接形式时，需保证雨水能够畅通地进入地面生态设施。高层建筑屋面雨水断接时应采用设置消能井、卵石沟等消能措施避免对绿地等设施的冲击和破坏。住宅阳台雨水管采用断接时，设计及运行阶段应注意避免如洗衣废水等可能危害植物生长的排水接入雨水管，可将阳台雨水管接入污水管。

第4款，“硬质铺装地面”指场地中停车场、道路和室外活动场地等，不包括建筑占地（屋面）、绿地、水面等。“透水铺装”指既能满足路用及铺地强度和耐久性要求，又能使雨水通过本身与铺装下基层相通的渗水路径直接渗入下部土壤的地面铺装系统，包括两种情况，采用透水铺装方式和采用透水铺装材料（植草砖、透水沥青、透水混凝土、透水地砖等）。

当透水铺装下为地下室顶板时，若地下室顶板上覆土深度能满足当地园林绿化部门要求且覆土深度不小于600mm，并在地下室顶板设有疏水板及导水管等可将渗透雨水导入与地下室顶板接壤的实土，方可认定其为透水铺装地面。

【具体评价方式】

本条适用于各类民用建筑的预评价、评价。

预评价查阅项目场地竖向总平面图，含绿化、场地竖向设计等内容的总图设计文件，景观总平面及竖向图、场地铺装平面图、种植图、地面生态设施详图、雨水断接做法及室外雨水平面等景观专业设计文件，绿地及透水铺装比例计算书。

评价查阅预评价涉及内容的竣工文件，绿地及透水铺装比例计算书。

Ⅱ 室 外 物 理 环 境

8.2.6 场地内的环境噪声优于现行国家标准《声环境质量标准》GB 3096 的要求，评价总分值为10分，并按下列规则评分：

1 环境噪声值大于2类声环境功能区标准限值，且小于或等于3类声环境功能区标准限值，得5分。

2 环境噪声值小于或等于2类声环境功能区标准限值，得10分。

【条文说明扩展】

《声环境质量标准》GB 3096－2008

4 声环境功能区分类

按区域的使用功能特点和环境质量要求，声环境功能区分为以下五种类型：

0类声环境功能区：指康复疗养区等特别需要安静的区域。

1类声环境功能区：指以居民住宅、医疗卫生、文化教育、科研设计、行政办公为主要功能，需要保持安静的区域。

2类声环境功能区：指以商业金融、集市贸易为主要功能，或者居住、商业、工业混杂，需要维护住宅安静的区域。

3类声环境功能区：指以工业生产、仓储物流为主要功能，需要防止工业噪声对周围环境产生严重影响的区域。

4类声环境功能区：指交通干线两侧一定距离之内，需要防止交通噪声对周围环境产生严重影响的区域，包括4a类和4b类两种类型。4a类为高速公路、一级公路、二级公路、城市快速路、城市主干路、城市次干路、城市轨道交通（地面段）、内河航道两侧区域；4b类为铁路干线两侧区域。

5.1 各类声环境功能区适用表1规定的环境噪声等效声级噪声。

表1 环境噪声限值（单位：dB（A））

声环境功能区类别 \ 时段		昼间	夜间
0类		50	40
1类		55	45
2类		60	50
3类		65	55
4类	4a类	70	55
	4b类	70	60

本条评价时，以环境噪声值作为评判和得分依据。如果环境噪声不大于昼间 65dB(A)、夜间 55 dB(A)，本条可得 5 分；如不大于昼间 60dB(A)、夜间 50 dB(A)，本条可得 10 分。因此，项目应尽可能地采取措施来实现环境噪声控制。本条既可以通过合理选址规划来实现，也可以通过设置植物防护等方式对室外场地的超标噪声进行降噪处理实现。因此，项目应尽可能地采取措施来实现环境噪声控制。本条既可以通过合理选址规划来实现，也可以通过设置植物防护等方式对室外场地的超标噪声进行降噪处理实现。

室外声环境模拟计算符合行业标准《民用建筑绿色性能计算标准》JGJ/T 449－2018 第 4.4 小节“环境噪声”的要求，分析专项报告的格式和主要内容应符合该标准附录 A 的规定。

【具体评价方式】

本条适用于各类民用建筑的预评价、评价。

预评价查阅环评报告（含有噪声检测及预测评价或独立的环境噪声影响测试评估报告）或室外噪声模拟分析报告、室外声环境优化报告（噪声监测或模拟结果不满足得分要求时提供），场地交通组织、规划总平面图、景观园林总平面图等设计文件，道路声屏障、低噪声路面等降噪施工图纸文件。

评价查阅预评价方式涉及的竣工验收文件，查阅场地环境噪声检测报告，对于环境噪声监测或模拟结果不能得分而采取降噪措施的项目，查阅室外噪声模拟分析报告及室外声环境优化报告。

8.2.7 建筑及照明设计避免产生光污染，评价总分值为 10 分，并按下列规则分别评分并累计：

1 玻璃幕墙的可见光反射比及反射光对周边环境的影响符合《玻璃幕墙光热性能》GB/T 18091 的规定，得 5 分；

2 室外夜景照明光污染的限制符合现行国家标准《室外照明干扰光限制规范》GB/T 35626 和现行行业标准《城市夜景照明设计规范》JGJ/T 163 的

规定，得5分。

【条文说明扩展】

第1款，玻璃幕墙的有害光反射是指对人引起视觉累积损害或干扰的玻璃幕墙光反射，包括失能眩光、不舒适眩光。

《玻璃幕墙光热性能》GB/T 18091－2015

4.1 玻璃幕墙在满足采光、隔热和保温要求的同时，不应对周围环境产生有害反射光的影响。

4.3 玻璃幕墙应采用可见光反射比不大于0.30的玻璃。

4.4 在城市快速路、主干道、立交桥、高架桥两侧的建筑物20m以下及一般路段10m以下的玻璃幕墙，应采用反射比不大于0.16的玻璃。

4.5 在T形路口正对直线段处设置玻璃幕墙时，应采用可见光反射比不大于0.16的玻璃。

4.6 构成玻璃幕墙的金属外表面，不宜使用可见光反射比大于0.30的镜面和高光泽材料。

4.7 道路两侧玻璃幕墙设计成凹形弧面时应避免反射光进入行人与驾驶员的视场中，凹形弧面玻璃幕墙设计与设置应控制反射光聚焦点的位置。

4.8 以下情况应进行玻璃幕墙反射光影响分析：

a）在居住建筑、医院、中小学校及幼儿园周边区域设置玻璃墙时；

b）在主干道路口和交通流量大的区域设置玻璃幕墙时。

4.9 玻璃幕墙的可见光反射光分析应选择典型日进行，典型分析日的选择可参照附录B进行。

4.10 玻璃幕墙可见光反射光对周边建筑影响分析应选择日出后至日落前太阳高度角不低于10°的时段进行。

4.11 在与水平面夹角0°～45°范围内，玻璃幕墙反射光照射在周边建筑窗台面的连续滞留时间不应超过30min。

4.12 在驾驶员前进行方向垂直角20°，水平角度±30°内，行车距离100m内，玻璃幕墙对机动车驾驶员不应造成连续有害反射光。

玻璃幕墙光污染计算分析专项报告的格式和主要内容应符合行业标准《民用建筑绿色性能计算标准》JGJ/T 449－2018附录A的规定。

第2款，室外夜景照明光污染是指由于室外夜景照明干扰光或过量的光辐射（含可见光、紫外和红外光辐射）对人、生态环境和天文观测等造成的负面影响。在夜景照明设计中宜采用以下的措施，避免光污染的产生：①玻璃幕墙、铝塑板墙、釉面砖墙或其他具有光滑表面的建筑物不宜采用投光照明设计；②对于住宅、宿舍、教学楼等不宜采用泛光照明；③住宅小区室外照明时尽量避免将灯具安装在邻近住宅的窗户附近；④绿化景观的投光照明尽量采用间接式投光减少光线直射形成的光；⑤在满足照明要求的前提下减小灯具功率。

《城市夜景照明设计规范》JGJ/T 163－2008

A.0.2 环境区域根据环境亮度和活动内容可作下列划分：

1 E1 区为天然暗环境区，如国家公园、自然保护区和天文台所在地区等；

2 E2 区为低亮度环境区，如乡村的工业或居住区等；

3 E3 区为中等亮度环境区，如城郊工业或居住区等；

4 E4 区为高亮度环境区，如城市中心和商业区等。

7.0.2 光污染的限制应符合下列规定：

1 夜景照明设施在居住建筑窗户外表面产生的垂直面照度不应大于表 7.0.2-1 的规定值。

表 7.0.2-1 居住建筑窗户外表面产生的垂直面照度最大允许值

照明技术参数	应用条件	环境区域			
		E1 区	E2 区	E3 区	E4 区
垂直面照度（E_v）（lx）	熄灯时段前	2	5	10	25
	熄灯时段	0	1	2	5

注：1 考虑对公共（道路）照明灯具会产生影响，E1 区熄灯时段的垂直面照度最大允许值可提高到 1lx；
2 环境区域（E1～E4 区）的划分可按本规范附录 A 进行。

2 夜景照明灯具朝居室方向的发光强度不应大于表 7.0.2-2 的规定值。

表 7.0.2-2 夜景照明灯具朝居室方向的发光强度的最大允许值

照明技术参数	应用条件	环境区域			
		E1 区	E2 区	E3 区	E4 区
灯具发光强度 I（cd）	熄灯时段前	2500	7500	10000	25000
	熄灯时段	0	500	1000	2500

4 居住区和步行区的夜景照明设施应避免对行人和非机动车人造成眩光。夜景照明灯具的眩光限制值应满足表 7.0.2-3 的规定。

表 7.0.2-3 居住区和步行区夜景照明灯具的眩光限制值

安装高度（m）	L 与 $A^{0.5}$ 的乘积
$H \leqslant 4.5$	$LA^{0.5} \leqslant 4000$
$4.5 < H \leqslant 6$	$LA^{0.5} \leqslant 5500$
$H > 6$	$LA^{0.5} \leqslant 7000$

注：1 L 为灯具在与向下垂线成 85°和 90°方向间的最大平均亮度（cd/m²）；
2 A 为灯具在与向下垂线成 90°方向的所有出光面积（m²）。

5 灯具的上射光通比的最大值不应大于表 7.0.2-4 的规定值。

表 7.0.2-4 灯具的上射光通比的最大允许值

照明技术参数	应用条件	环境区域			
		E1 区	E2 区	E3 区	E4 区
上射光通比	灯具所处位置水平面以上的光通量与灯具总光通量之比（%）	0	5	15	25

6 夜景照明在建筑立面和标识面产生的平均亮度不应大于表 7.0.2-5 的规定值。

表 7.0.2-5 建筑立面和标识面产生的平均亮度最大允许值

照明技术参数	应用条件	环境区域			
		E1 区	E2 区	E3 区	E4 区
建筑立面亮度 L_b (cd/m^2)	被照面平均亮度	0	5	10	25
标识亮度 L_s (cd/m^2)	外投光标识被照面平均亮度；对自发光广告标识，指发光面的平均亮度	50	400	800	1000

《室外照明干扰光限制规范》GB/T 35626－2017

5.1.2 住宅建筑居室窗户外表面的垂直照度限值不应超过表 2 的规定。

表 2 住宅建筑居室窗户外表面上垂直面照度的限值 单位为勒克斯

时段	环境区域			
	E1	E2	E3	E4
熄灯时段前	2	5	10	25
熄灯时段	0	1	2	5

5.1.3 朝向住宅建筑居室窗户方向的灯具光强限值不应超过表 3 的规定。

表 3 朝向住宅建筑居室窗户方向的灯具光强限值 单位为坎德拉

时段	环境区域			
	E1	E2	E3	E4
熄灯时段前	2500	7500	10000	25000
熄灯时段	10	500	1000	2500

5.2.2 人行道照明灯具的最大平均亮度与灯具出光面面积乘积不应超过表 4 的规定。

表4 人行道照明灯具的最大平均亮度与灯具出光面面积乘积限值

安装高度/m	L与$A^{0.5}$的乘积
$H \leqslant 4.5$	$LA^{0.5} \leqslant 4000$
$4.5 < H \leqslant 6$	$LA^{0.5} \leqslant 5500$
$H > 6$	$LA^{0.5} \leqslant 7000$

注1：L为灯具在与向下垂线成85°和90°方向间的最大平均亮度（cd/m^2）；

注2：A为灯具在与向下垂线成90°方向的所有出光面积（m^2）。

5.7.2 媒体立面墙面的亮度限值不应超过表7的规定。

表7 媒体立面墙面亮度限值 单位为坎德拉每平方米

表面亮度（白光）	环境区域			
	E1	E2	E3	E4
表面平均亮度	—	8	15	25
表面最大亮度	—	200	500	1000

5.7.3 对特别重要的景观建筑墙体表面，或强调远观效果的对象，表7中数值可相应提高50%；对于使用动态效果的表面，限值应取表7中数值的1/2。

5.9.2 LED显示屏表面的平均亮度限值不应超过表8的规定。

表8 LED显示屏或媒体墙表面的平均亮度限值 单位为坎德拉每平方米

LED显示屏（全彩色）	环境区域			
	E1	E2	E3	E4
平均亮度	不宜设置	200	400	600

5.9.3 LED显示屏应配置调节亮度的功能，朝向住宅建筑窗户的垂直和水平方向的视张角不得大于15°。

5.9.6 住宅区内的显示屏不应设置动态模式，并应符合5.1的规定。

【具体评价方式】

本条适用于各类民用建筑的预评价、评价。非玻璃幕墙建筑，第1款直接得5分；未设室外夜景照明的，第2款直接得分。

8

预评价，第1款查阅玻璃幕墙光污染分析报告、玻璃的光学性能检验报告，玻璃幕墙施工图等设计文件；第2款查阅室外夜景照明光污染分析报告、灯具的光度检验报告，照明设计方案（含计算书），泛光照明、景观照明施工图等设计文件。

评价查阅预评价方式涉及的竣工验收文件，第1款还查阅玻璃幕墙光污染分析报告、玻璃的光学性能检验报告及其进场复验报告；第2款还查阅室外夜景照明光污染分析报告、灯具的光度检验报告及其进场复验报告。

8.2.8 场地内风环境有利于室外行走、活动舒适和建筑的自然通风，评价总分值为10分，并按下列规则分别评分并累计：

1 在冬季典型风速和风向条件下，按下列规则分别评分并累计：

1）建筑物周围人行区距地高1.5m处风速小于5m/s，户外休息区、儿童娱乐区风速小于2m/s，且室外风速放大系数小于2，得3分；

2）除迎风第一排建筑外，建筑迎风面与背风面表面风压差不大于5Pa，得2分。

2 过渡季、夏季典型风速和风向条件下，按下列规则分别评分并累计：

1）场地内人活动区不出现涡旋或无风区，得3分；

2）50%以上可开启外窗室内外表面的风压差大于0.5Pa，得2分。

【条文说明扩展】

《民用建筑绿色性能计算标准》JGJ/T 449－2018

4.2.1 室外风环境计算应采用计算流体力学（CFD）方法，其物理模型、边界条件和计算域的设定应符合下列规定：

1 冬夏季节的典型工况气象参数应符合国家现行标准的有关规定，或可按本标准附录B执行；对不同季节，当存在主导风向、风速不唯一时，宜按现行国家标准《民用建筑供暖通风与空气调节设计规范》GB 50736或当地气象局历史数据分析确定。当计算地区没有可查阅气象数据时，可采用地理位置相近且气候特征相似地区的气候数据，并应在专项计算报告中注明。

2 对象建筑（群）顶部至计算域上边界的垂直高度应大于5H；对象建筑（群）的外缘至水平方向的计算域边界的距离应大于5H；与主流方向正交的计算断面大小的阻塞率应小于3%；流入侧边界至对象建筑（群）外缘的水平距离应大于5H，流出侧边界至对象建筑（群）外缘的水平距离应大于10H。

3 进行物理建模时，对象建筑（群）周边1H～2H范围内应按建筑布局和形状准确建模；建模对象应包括主要建（构）筑物和既存的连续种植高度不少于3m的乔木（群）；建筑窗户应以关闭状态建模，无窗无门的建筑通道应按实际情况建模。

4 湍流计算模型宜采用标准k-ε模型或其修正模型；地面或建筑壁面宜采用壁函数法的速度边界条件；流入边界条件应符合高度方向上的风速梯度分布，风速梯度分布幂指数（α）应符合表4.2.1的规定。

表4.2.1 风速梯度分布幂指数（α）

地面类型	适用区域	α	梯度风高度（m）
A	近海地区，湖岸，沙漠地区	0.12	300
B	田野，丘陵及中小城市，大城市郊区	0.16	350
C	有密集建筑的大城市市区	0.22	400
D	有密集建筑群且房屋较高的城市市区	0.30	450

5 流出边界条件应符合下列规定：

1）当计算域具备对称性时，侧边界和上边界可按对称面边界条件设定；

2）当计算域未能达到第2款中规定的阻塞率要求时，边界条件可按自由流入流出或按压力设定。

4.2.2 室外风环境计算的计算域网格应符合下列规定：

1 地面与人行区高度之间的网格不应少于3个；

2 对象建筑附近网格尺度应满足最小精度要求，且不应大于相同方向上建筑尺度的1/10；

3 对形状规则的建筑宜使用结构化网格，且网格过渡比不宜大于1.3；

4 计算时应进行网格独立性验证。

4.2.3 室外风环境计算内容应包括各典型季节的风环境状况，且应统计计算域内风速、来流风速比值及其达标情况。

室外风环境模拟分析专项报告的格式和主要内容应符合行业标准《民用建筑绿色性能计算标准》JGJ/T 449－2018附录A的规定。

【具体评价方式】

本条适用于各类民用建筑的预评价、评价。若只有一排建筑，本条第1款第2项直接得分。对于半下沉室外空间，本条也需进行评价。

预评价查阅项目总平面图、景观绿化及含园建总平面图等设计文件，室外风环境模拟分析报告。

评价查阅预评价方式涉及的竣工验收文件，室外风环境模拟分析报告，本项目及场地周边建筑物的实景影像资料。

8.2.9 采取措施降低热岛强度，评价总分值为10分，按下列规则分别评分并累计：

1 场地中处于建筑阴影区外的步道、游憩场、庭院、广场等室外活动场地设有乔木、花架等遮阴措施的面积比例，住宅建筑达到30%，公共建筑达到10%，得2分；住宅建筑达到50%，公共建筑达到20%，得3分；

2 场地中处于建筑阴影区外的机动车道，路面太阳辐射反射系数不小于0.4或设有遮阴面积较大的行道树的路段长度超过70%，得3分；

3 屋顶的绿化面积、太阳能板水平投影面积以及太阳辐射反射系数不小于0.4的屋面面积合计达到75%，得4分。

【条文说明扩展】

本条是对参评项目为降低热岛强度而采取的措施的评分项，不能用热岛模拟报告来替代。

第1款，建筑阴影区为夏至日8：00～16：00时段在4h日照等时线内的区域。

户外活动场地遮阴面积＝乔木遮阴面积＋构筑物遮阴面积－建筑日照投影区内乔木与构筑物的遮阴面积。

建筑日照投影遮阳面积指夏至日日照分析图中，8：00～16：00内日照时数不足4h

的户外活动场地面积；乔木遮阴面积按照成年乔木的树冠正投影面积计算；构筑物遮阴面积按照构筑物正投影面积计算。对于首层架空构筑物，架空空间如果是活动空间，可计算在内。注意：室外活动场地不应包括机动车道和机动车停车场。

第 2 款，路用反射隔热涂料按现行国家标准《建筑用反射隔热涂料》GB/T 25261－2018 的方法进行耐沾污性处理后太阳光反射比仍保持不少于 0.4。

第 3 款，计算分子为绿化屋面面积、屋面上安装的太阳能集热板或光伏板的水平投影面积、太阳光反射比不小于 0.4 的屋面面积三者之和；分母为屋面面积。

【具体评价方式】

本条适用于各类民用建筑的预评价、评价。

预评价，第 1 款查阅规划总平面图、乔木种植平面图、乔木苗木表等设计文件，日照分析报告，户外活动场地遮阴面积比例计算书；第 2 款查阅项目场地内道路交通组织、路面构造做法大样等设计文件，道路用热反射涂料性能检测报告（如有），机动车道遮阴及高反射面积比例计算书；第 3 款查阅屋面施工图、屋面做法大样等设计文件，屋面涂料性能检测报告（如有），屋面遮阴及高反射面积比例计算书。

评价查阅预评价方式涉及的竣工验收文件，第 1 款还查阅日照分析报告，户外活动场地计算书及遮阴面积比例计算书；第 2 款还查阅路面太阳光反射比现场检测报告（如有），行道遮阴及高反射面积比例计算书；第 3 款还查阅屋面太阳光射反射比现场检测报告（如有），屋面绿化、遮阳及高反射面积比例计算书。

9 提高与创新

9.1 一般规定

9.1.1 绿色建筑评价时，应按本章规定对提高与创新项进行评价。

【条文说明扩展】

绿色建筑全寿命期内各环节和阶段，都有可能在技术、产品选用和管理方式上进行性能提高和创新。为了鼓励性能提高和创新，同时也为了合理处置一些引导性、创新性或综合性等的额外评价条文，本次修订增加了相应的评价项目，本标准中将此类评价项目称为“加分项”。加分项包括规定性方向和可选方向两类，前者有具体指标要求，侧重于“提高”；后者则没有具体指标，侧重于“创新”。

9.1.2 提高与创新项得分为加分项得分之和，当得分大于100分时，应取为100分。

【条文说明扩展】

加分项的评定结果为某得分值或不得分，加分项最高可得100分。

9.2 加分项

9.2.1 采取措施进一步降低建筑供暖空调系统的能耗，评价总分值为30分。建筑供暖空调系统能耗相比国家现行有关建筑节能标准降低40%，得10分；每再降低10%，再得5分，最高得30分。

【条文说明扩展】

本条是在第7.2.4、7.2.8条基础上的进一步提高。提高方式既包括提升建筑围护结构热工性能，也包括提高供暖空调系统及设备能效。本条可与第7.2.4、7.2.8条同时得分。

计算方法应参照第7.2.8条的建筑预期节能率计算，但需注意以下几点：

(1) 本条仅针对供暖空调系统能耗，不包括照明系统能耗。

(2) 参照建筑的围护结构应取国家或行业建筑节能设计标准规定的建筑围护结构的热工性能参数，其室内设计参数、模拟参数等仍与设计建筑的设置保持一致。

(3) 投入使用的项目，评价方式同样也是计算建筑预期节能率。

【具体评价方式】

本条适用于各类民用建筑的预评价、评价。

预评价查阅建筑热工、供暖空调专业的设计说明、施工图、设备材料表等设计文件，节能计算书、供暖空调系统能耗节能率分析报告。

评价查阅预评价涉及内容的竣工文件，节能计算书、供暖空调系统能耗节能率分析报告。

9.2.2 采用适宜地区特色的建筑风貌设计，因地制宜传承地域建筑文化，评价分值为20分。

【条文说明扩展】

我国地域辽阔，不同地区的气候、地理环境、自然资源、经济发展与社会习俗等都存在差异，因此绿色建筑的设计应注重地域性特点，因地制宜、实事求是，充分分析建筑所在地域的气候、资源、自然环境、经济、文化等特点，选择适宜地区特点的建筑风貌，体现地域建筑文化。设计时应因地制宜、因势利导地控制各类不利因素，有效利用对建筑和人的有利因素，以实现具有地域特色的建筑风貌设计。绿色建筑设计还可吸收传统建筑中适应生态环境、符合绿色建筑要求的设计元素、方法乃至建筑形式，采用传统技术、本土适宜技术实现具有地区特色的建筑文化传承。例如，建筑采用中国传统建筑群落布局方式、建筑空间布局模式，有利于建筑的自然通风、天然采光；采用当地传统建筑的造型、色彩、肌理、建造方法、地方材料等，如生土建筑、覆土建筑、双层通风墙等被动式技术，既体现当地历史建筑或传统民居文化，体现文脉的传承，又起到节约资源和保护环境等作用；采用与建筑所在区域特定风格相协调一致的建筑风貌，如在景区中的建筑采用与景区风格一致的建筑风格。

【具体评价方式】

本条适用于各类民用建筑的预评价、评价。

预评价查阅建筑专业施工图及设计说明等设计文件，专项分析论证报告。

评价查阅预评价涉及内容的竣工文件，专项分析论证报告，影像资料等其他相关材料。

9.2.3 合理选用废弃场地进行建设，或充分利用尚可使用的旧建筑，评价分值为8分。

【条文说明扩展】

本条鼓励合理选用废弃场地进行建设，但应对土壤中是否含有有毒物质进行检测与再利用评估，采取土壤污染修复、污染水体净化和循环等生态补偿措施进行改造或改良，确保场地利用不存在安全隐患，符合国家有关标准的要求。废弃场地通常包括裸岩、石砾地、盐碱地、沙荒地、废窑坑、废旧仓库或工厂弃置地等。

本条所指的“尚可使用的旧建筑”系指建筑质量能保证使用安全的旧建筑，或通过少量改造加固后能保证使用安全的旧建筑。对于从技术经济分析角度不可行、但出于保护文物或体现风貌而留存的历史建筑，不在本条中得分。

【具体评价方式】

本条适用于各类民用建筑的预评价、评价。

预评价查阅建设项目规划设计总平面图、建筑、结构专业设计说明等设计文件，环评报告，旧建筑利用专项报告。

评价查阅预评价涉及内容的竣工文件，环评报告，旧建筑利用专项报告，必要的检测报告。

9.2.4 场地绿容率不低于3.0，评价总分值为5分，并按下列规则评分：

1 场地绿容率计算值不低于3.0，得3分。

2 场地绿容率实测值不低于3.0，得5分。

【条文说明扩展】

绿容率是指场地内各类植被叶面积总量与场地面积的比值，是十分重要的场地生态评价指标，虽无法全面表征场地绿地的空间生态水平，但可作为绿地率的有效补充。其中，场地面积是指项目红线内的总用地面积。

第1款，绿容率可采用如下公式计算：

绿容率=[Σ(乔木叶面积指数×乔木投影面积×乔木株数)+灌木占地面积×3
+草地占地面积×1]/场地面积。

其中，冠层稀疏类乔木叶面积指数按2取值，冠层密集类乔木叶面积指数按4取值（纳入冠层密集类的乔木需提供相似气候区该类苗木的图片说明）；乔木投影面积按苗木表数据计算，可按设计冠幅中间值进行取值；场地内的立体绿化如屋面绿化和垂直绿化均可纳入计算。

鼓励有条件地区采用当地建设主管部门认可的常用植物叶面积调研数据进行绿容率计算，采用此方法计算时需注明资料来源。

第2款，可提供以实际测量数据为依据的绿容率测量报告。测量时间可选择全年叶面积较多的季节，对乔木株数、乔木投影面积（即冠幅面积）、灌木和草地占地面积、各类乔木叶面积指数等进行实测。

【具体评价方式】

本条适用于各类民用建筑的预评价、评价。

预评价查阅绿化种植平面图、苗木表等景观设计文件，绿容率计算书。重点审核面积计算或测量是否合理，叶面积指数取值是否符合要求，叶面积测量是否符合要求。

评价查阅预评价涉及内容的竣工文件，还查阅绿容率计算书或植被叶面积测量报告，当地叶面积调研数据（如有）等证明材料。

9.2.5 采用符合工业化建造要求的结构体系与建筑构件，评价分值为10分，并按下列规则评分：

1 主体结构采用钢结构、木结构，得10分。

2 主体结构采用装配式混凝土结构，地上部分预制构件应用混凝土体积占混凝土总体积的比例达到35%，得5分；达到50%，得10分。

【条文说明扩展】

第 1 款鼓励主体结构采用钢结构或木结构。竖向与水平受力构件采用钢材或木材，可得 10 分；采用钢管混凝土等符合工业化建造要求的钢-混凝土组合结构，也可得 10 分；型钢混凝土等因需设置模板而不符合工业化建造特征的，不属于本条评分范围之列。

第 2 款鼓励采用装配式混凝土结构。对于装配式混凝土结构的预制构件混凝土体积计算，无竖向立杆支撑叠合楼盖的现浇混凝土部分可按预制构件考虑，其他叠合楼盖的现浇混凝土部分 0.8 倍折算为预制构件，预制剪力墙的边缘构件现浇部分可按预制构件考虑，叠合剪力墙的现浇混凝土部分可按 0.8 倍折算为预制构件，膜壳墙的现浇混凝土部分可按 0.5 倍折算为预制构件，预制构件连接节点的现浇混凝土部分可按预制构件考虑。计算时，分子为主体结构地上部分预制构件应用混凝土体积之和，分母为主体结构地上部分混凝土总体积。

【具体评价方式】

本条适用于各类民用建筑的预评价、评价。

预评价查阅结构专业设计说明、平立剖图、构件详图、节点详图、大样图、楼梯详图、设计计算书等设计文件，第 2 款还应查阅预制构件体积统计和占比计算书。设计文件还包括：钢结构的楼梯详图；木结构的屋架、檩条、拉条、支撑等布置图；装配式混凝土结构的预制构件设计总说明等。

评价查阅预评价涉及内容的竣工文件，还包括工程竣工质量报告、工程概况表、设计变更文件等，第 2 款还应查阅预制构件体积统计和占比计算书。

9.2.6 应用建筑信息模型（BIM）技术，评价总分值为 15 分。在建筑的规划设计、施工建造和运行维护阶段中的一个阶段应用，得 5 分；两个阶段应用，得 10 分；三个阶段应用，得 15 分。

【条文说明扩展】

建筑信息模型（Building Information Model，BIM）是集成了建筑工程项目各种相关信息的工程数据模型，能使设计人员和工程人员能够对各种建筑信息作出正确的应对，实现数据共享并协同工作。在建筑工程建设的各阶段支持基于 BIM 的数据交换和共享，可以极大地提升建筑工程信息化整体水平，工程建设各阶段、各专业之间的协作配合可以在更高层次上充分利用各自资源，有效地避免由于数据不通畅带来的重复性劳动，大大提高整个工程的质量和效率，并显著降低成本。因此，BIM 应用一方面应实现全专业涵盖，至少包含规划、建筑、结构、给水排水、暖通、电气等 6 大专业相关信息，另一方面应实现同一项目不同阶段的共享互用。当在两个及以上阶段应用 BIM 时，应基于同一 BIM 模型开展，否则不认为在多个阶段应用了 BIM 技术。

《住房城乡建设部关于印发推进建筑信息模型应用指导意见的通知》（建质函〔2015〕159 号）明确了建筑的设计、施工、运行维护等阶段应用 BIM 的工作重点内容。其中，规划设计阶段主要包括：①投资策划与规划，②设计模型建立，③分析与优化，④设计成果审核；施工阶段主要包括：①BIM 施工模型建立，②细化设计，③专业协调，④成本管理与控制，⑤施工过程管理，⑥质量安全监控，⑦地下工程风险管控，⑧交付竣工模型；运营维护阶段主要包括：①运营维护模型建立，②运营维护管理，③设备设施运行监控，④应急管理。评价时，规划设计阶段和运营维护阶段 BIM 分别应至少涉及 2 项重点内容应用，施工阶段BIM应至少涉及3项重点内容应用，方可得分。投入使用满1年的项目，还可能存在运行维护阶段BIM应用，也要求至少涉及2项重点内容应用。

【具体评价方式】

本条适用于各类民用建筑的预评价、评价。

预评价查阅相关设计文件、BIM技术应用报告。

评价查阅预评价涉及内容的竣工文件、BIM技术应用报告。重点审核BIM应用在不同阶段、不同工作内容之间的信息传递和协同共享。

9.2.7 进行建筑碳排放计算分析，采取措施降低单位建筑面积碳排放强度，评价分值为12分。

【条文说明扩展】

建筑碳排放计算分析包括建筑固有的碳排放量（建材生产及运输的碳排放）和标准运行工况下的碳排放量（标准运行工况的预测碳排放量和实际运行碳排放量），把握住建筑全生命期碳排放总量中占比最大的这两大部分。在碳排放量计算时，固有碳排放量和标准运行工况下的碳排放量均应进行计算。国家标准《建筑碳排放计算标准》GB/T 51366－2019及行业标准《民用建筑绿色性能计算标准》JGJ/T 449－2018对于建材生产及运输、建造及拆除、建筑运行等各环节的碳排放计算进行了详细规定，可供本条碳排放计算参考。

降低碳排放的措施，可归纳为减源、增汇、替代3类。减源，即减少化石能源消耗，通过先进技术提高能效和碳效来减少碳排放量；增汇，主要是加强生态系统管理，例如保护和增加项目区域内的树木，来抵消项目的碳排放；替代，积极利用水电、风能和太阳能、生物质能及地热能等可再生能源，替代化石能源。不论项目所处阶段，所提交的碳排放计算分析报告均应基于所计算、模拟或运行数据得出的碳排放量，进一步分析提出碳减排措施并实现碳排放强度的降低。对于预评价，主要分析建筑的固有碳排放量，即建材生产及运输的碳排放，计算对象应包括建筑主体结构材料、建筑围护结构材料、建筑构件和部品等，且所选主要建筑材料的总重量不应低于建筑中所耗建材总重量的95%。同时，还应根据标准运行工况条件预测运行阶段的碳排放量。

对于评价，除进行固有碳排放量计算外，重点分析在标准运行工况下建筑运行产生的碳排放量。运行阶段的碳排放量应根据各系统不同类型能源消耗量和不同类型能源的碳排放因子确定。计算中采用的建筑设计寿命应与设计文件一致，当设计文件不能提供时，应按50年计算。计算范围应包括暖通空调、生活热水、照明及电梯、可再生能源、建筑碳汇系统在建筑运行期间的碳排放量。对于投入使用的项目，尚应基于实际运行数据，得出运行阶段碳排放量相关数据。

【具体评价方式】

本条适用于各类民用建筑的预评价、评价。

预评价与评价均为：查阅建筑碳排放计算分析报告（含减排措施）。

9.2.8 按照绿色施工的要求进行施工和管理，评价总分值为20分，并按下列规则分别评分并累计：

1 获得绿色施工优良等级或绿色施工示范工程认定，得 8 分；

2 采取措施减少预拌混凝土损耗，损耗率降低至 1.0%，得 4 分；

3 采取措施减少现场加工钢筋损耗，损耗率降低至 1.5%，得 4 分；

4 现浇混凝土构件采用铝模等免墙面粉刷的模板体系，得 4 分。

【条文说明扩展】

《建筑工程绿色施工规范》GB/T 50905－2014

2.0.1 绿色施工

在保证质量、安全等基本要求的前提下，通过科学管理和技术进步，最大限度地节约资源，减少对环境负面影响，实现节能、节材、节水、节地和环境保护（“四节一环保”）的建筑工程施工活动。

第 1 款，国家标准《建筑工程绿色施工评价标准》GB/T 50640－2010 将绿色施工评价分为不合格、合格、优良三个等级，地方标准也设置了类似的绿色施工级别。本条将政府主管部门或第三方授予的“绿色施工优良等级”或“绿色施工示范工程”认定作为评分依据。

第 2 款，预拌混凝土损耗率可按以下方法计算：

预拌混凝土损耗率＝［（预拌混凝土进货量－工程需要预拌混凝土理论量）/工程需要预拌混凝土理论量］×100%。

其中，预拌混凝土进货量依据预拌混凝土进货单或其他有关证明材料，工程需要预拌混凝土理论量为业主给出的按施工图计算的预拌混凝土工程量计算单中预拌混凝土的合计量。

第 3 款，现场加工钢筋损耗率可按以下方法计算：

现场加工钢筋损耗率＝［（钢筋进货量－工程需要钢筋理论量）/工程需要钢筋理论量］×100%；

现场加工钢筋损耗率的基础资料是钢筋工程量清单、钢筋用量结算清单、钢筋进货单或其他有关证明材料。其中，工程需要钢筋理论量为业主给出的按施工图计算的钢筋工程量清单中钢筋的合计量。

第 4 款，要求免粉刷混凝土墙面应占混凝土墙面的 30%以上。

【具体评价方式】

本条适用于各类民用建筑的评价。

评价，第 1 款查阅“绿色施工优良等级”或“绿色施工示范工程”的认定文件；第 2 款查阅预拌混凝土供货合同、预拌混凝土进货单、预拌混凝土用量结算清单，预拌混凝土损耗率计算书；第 3 款查阅钢筋进货单、钢筋用量结算清单、现场钢筋加工的钢筋工程量清单，现场加工钢筋损耗率计算书；第 4 款查阅模板工程施工方案、施工日志、技术交底文件及施工现场影像资料，免粉刷混凝土墙体占比计算书。

9.2.9 采用建设工程质量潜在缺陷保险产品，评价总分值为20分，并按下列规则分别评分并累计：

1 保险承保范围包括地基基础工程、主体结构工程、屋面防水工程和其他土建工程的质量问题，得10分；

2 保险承保范围包括装修工程、电气管线、上下水管线的安装工程，供热、供冷系统工程的质量问题，得10分。

【条文说明扩展】

建设工程质量潜在缺陷保险（Inherent Defect Insurance，IDI），是指由建设单位（开发商）投保的，在保险合同约定的保险范围和保险期限内出现的，由于工程质量潜在缺陷所造成的投保工程的损坏，保险公司承担赔偿保险金责任的保险。它由建设单位（开发商）投保并支付保费，保险公司为建设单位或最终的业主提供因房屋缺陷导致损失时的赔偿保障。建设工程保险在国际上已经是一种较为成熟的制度，比如法国的潜在缺陷保险（IDI）制度、日本的住宅性能保证制度等。

该保险是一套系统性工程，首先通过建立统一的工程质量潜在缺陷保险信息平台，将企业的诚信档案、承保信息、风险管理信息和理赔信息等录入，通过以上信息进行费率浮动，促使参建各方主动提高工程质量。同时，独立于建设单位和保险公司的第三方质量风险控制机构，从方案设计阶段介入，对勘察、设计、施工和竣工验收阶段全过程进行技术风险检查，提前识别风险，公平公正的监督工程质量，有效地降低质量风险。

这类保险一般承保工程竣工验收之日起一定年限（如10年）之内因主体结构或装修设备构件存在缺陷发生工程质量事故而给消费者造成的损失，通过保险产品公司约束开发商必须对建筑质量提供一定年限的长期保证，当建筑工程出现了保证书中列明的质量问题时，通过保险机制保证消费者的权益。通过推行建设工程质量保险制度，提高建设工程质量的把控力度。

工程质量潜在缺陷责任保险的基本保险范围包括地基基础工程、主体结构工程以及防水工程，对应本条第1款得分要求。除基本保险外，建设单位还可以投保附加险，其保险范围包括：建筑装饰装修工程、建筑给水排水及供暖工程、通风与空调工程、建筑电气工程等，对应本条第2款得分要求。

【具体评价方式】

本条适用于各类民用建筑的预评价、评价。

预评价查阅建设工程质量保险产品投保计划，保险产品保单（如有）。

评价查阅建设工程质量保险产品保单。

9.2.10 采取节约资源、保护生态环境、保障安全健康、智慧友好运行、传承历史文化等其他创新，并有明显效益，评价总分值为40分。每采取一项，得10分，最高得40分。

【条文说明扩展】

绿色建筑的创新没有定式，凡是符合建筑行业绿色发展方向、绿色建筑定义理念，且未在本条之前任何条款得分的任何新技术、新产品、新应用、新理念，都可在本条申请得分。项目的创新点应较大地超过相应指标的要求，或达到合理指标但具备显著降低成本或提高工效等优点。例如：

在节约资源方面，在标准第 9.2.1 条要求的低能耗基础上进一步实现零能耗建筑；符合百年建筑理念并符合相应要求；在技术经济合理的情况下，达到较高的建筑装配率或预制率。

在保护生态环境方面，采用场地雨水通过入渗、滞蓄、回用等低影响开发措施，实现设计重现期下雨水零排放；建筑污废水通过梯级利用、生态处理、再生利用、就地消纳等，实现污水零排放；对场地内的大型乔木等植被进行有效保留、改造和近自然化改造。

在保障安全健康方面，获得健康建筑设计评价或运行评价标识；声景的专项优化设计和营造；符合人体生理节律的光环境设计和营造；场地遮阳的专项优化设计和营造；采用阻燃、防腐、防火、耐久等性能上有大幅提升的材料、技术和产品；通过采用特低压直流实现建筑末端用电本质安全。

在智慧友好运行方面，按照智慧建筑有关标准进行评价认定，或在智慧管理系统、智慧服务系统、智慧家居系统、智慧教育展示系统、人工智能、数据收集分析等方面效果突出，经专项论证通过。

在传承历史文化方面，对反映历史风貌、地方特色、具有较高文化价值的传统建筑加以保护和利用，采用适度的措施，避免对历史建筑的价值和特征要素的损伤和改变。

为了鼓励绿色建筑百家争鸣、百花齐放，本条允许同时申请 4 项创新。

【具体评价方式】

本条适用于各类民用建筑的预评价、评价。

预评价与评价均为：查阅相关设计文件、分析论证报告及相关证明、说明文件。

分析论证报告应包括以下内容：①创新内容及创新程度（例如超越现有技术的程度，在关键技术、技术集成和系统管理方面取得重大突破或集成创新的程度）；②应用规模，难易复杂程度及技术先进性（应有对国内外现状的综述与对比）；③经济、社会、环境效益，发展前景与推广价值（如对推动行业技术进步、引导绿色建筑发展的作用）。对于投入使用的项目，尚应补充创新应用实际情况及效果。